KB233370

데커레이션 테크닉

CAKE DECORATION TECHNIQUE

월간 파티시에 편

BnCworld

Cake Decoration Technique

과자를 완성하는 데커레이션 테크닉

이 책을 내며

일반적으로 기술이라함은 과학적인 측면과 기능적인 측면을 포함한 방법이나 재능을 나타낸다. 과학적 측면이 강조된 기술이 있는가 하면 기능적 측면이 더 중요시되는 기술도 있다. 그러나 대개는 과학과 기능성 그 어느 한쪽에 치우치지 않고 균형을 이룰 때 그 기술의 효용성은 더 커진다. 제과제빵도 예외가 아니다.

빵·과자의 골격을 이루는 재료와 배합 또는 반죽의 진행과정 등은 과학적 측면이 강한 반면, 만들어진 제품을 그 특성과 용도에 맞게 마무리하고 표현하는 것은 손재주에 해당하는 기능적 측면이 더 많이 요구된다. 과자의 마무리 장식 즉, 과자를 완성하고 표현하는 케이크 데커레이션은 80년대 초까지만 해도 각 업소의 최고 기술자만이 할 수 있는 고급 기술이었다. 데커레이션 케이크의 우열이 바로 그 업소의 기술 수준을 가늠하는 척도가 될 정도로 중요한 기능이었던 것이다.

그러던 것이 시대가 변하고 인력난이 심화됨에 따라 케이크 장식의 형태나 디자인도 점점 변하여 이제는 매우 단순화되었다. 하지만 그렇다고 해서 현재의 케이크 디자인 기술력이 이전보다 떨어진다는 뜻은 아니다. 단순화 안에서도 케이크 데커레이션의 각 기능은 필요하며 숙련된 기능의 절제에서 비롯된 단순화와 아예 할 수 없어 생략한 기술의 차이는 분명 존재한다.

현재 양과자의 데커레이션은 이런 점에서 아트 파이핑 위주의 이전 방식에 비해 소재나 테크닉이 훨씬 다양해지고 고기능화되어가고 있다.

데커레이션에 사용되는 각종 재료의 특성과 사용법을 알아야 하고 세련된 디자인 감각도 갖춰야 하며 이를 능숙하게 표현할 수 있는 손재주도 필요하다.

본서 『과자를 완성하는 데커레이션 테크닉』은 이러한 필요성에 의해 만들어졌다. 100여 년의 우리나라 제과 역사에서 가장 도제식으로 전수되어 온 케이크 데커레이션의 거의 모든 테크닉들을 오랜 기획을 거쳐 한 곳에 모아 보려고 노력한 결실인 것이다.

본서는 일본의 모리야마 사치코 씨가 쓴 『케이크 데커레이션』을 바탕으로 하고, 구미 각국의 특징적인 데커레이션 저서들을 참고하였으며 잡지 『파티시에』에 게재되었던 케이크 데커레이션 관련 내용들을 단행본 형식으로 재편집하여 수록함으로써 케이크 데커레이션을 공부하는 학생은 물론 고급 기술인까지도 기능을 연마하는 데 도움이 될 수 있도록 제작하였다. 원고를 게재할 수 있도록 허락하여 주신 각 집필자 분들과 편집진에게 진심으로 감사드리며 이 책이 우리 나라 제과기술 발전에 미력이나마 보탬이 될 수 있기를 기원한다.

발행인 장 상 원

CONTENTS 목차

Chapter 01
모양깍지를 이용한 짜기

Chapter 02
다양한 짜기 테크닉

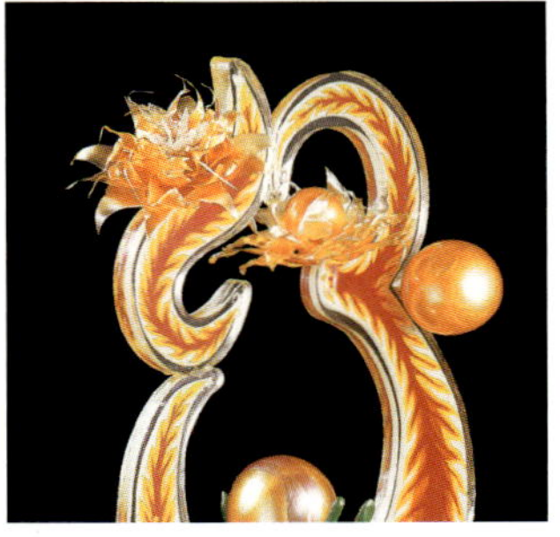

케이크
데커레이션의
발달

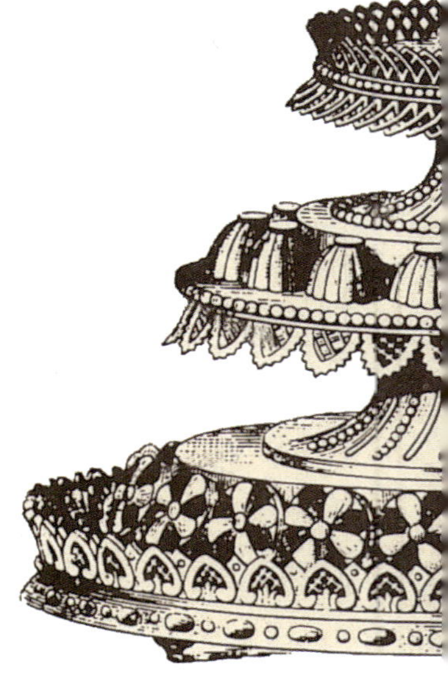

인류 역사상 최초의 제과 기술자가 누구였는지를 알려면 5천년 이상의 긴 시간여행을 거쳐 선사시대의 그 사람을 찾아야 할 것이다.

또한 언제 어느 곳에서부터 빵이 만들어졌고 과자가 구워지기 시작했는지도 그 당시 기록들이 확실히 존재하지 않기 때문에 그저 여러 가지 설에 의해 추측되어지고 있을 뿐이다. 그러나 빵과 과자가 단순한 음식의 기능을 넘어 장식되고 나름대로의 의미를 갖기 시작한 역사는 비교적 명확하게 전해지고 있다.

기원전 4세기경 로마에 제과업 관련 모임(Pastillariorum)이 있었고, B·C 457년경 카파도스(Cappadoce)에 테아리옹(Thearion)이라는 유명 제과기술인이 있었다는 기록과 함께 이때까지 거칠게 빻은 밀가루와 꿀이 주원료였던 빵을 과일로 장식하기 시작했다는 기록이 있는 것으로 보면 인류 최초의 데커레이션 재료는 과일이었던 셈이다.

물론 고대 이집트 빵에도 여러 가지 모양과 문양이 있어, 마치 도자기처럼 날카로운 도구를 이용해 반죽에 무늬를 새겨 넣었을 것으로 짐작되지만 본격적인 장식의 의미로 보기는 어렵다. 프랑스 기록에 따르면 근대적인 형태의 데커레이션 케이크가 처음 등장한 것은 1754년이다. 메디치가(家)의 카트린느가 자신의 아들 앙리3세를 위해 마련한 파티에서 이탈리아의 유명한 제과기술인 델라 피냐(Della pigna)에게 의뢰해 처음 데커레이션 케이크를 선보였다고 한다. 이보다 7년 전인 1747년에는 독일 화학자 안드레아 마르그라프가 사탕무에서 설탕을 추출하여 고체화하는 데 성공했고, 29년 후인 1783년에는 동시대 최고의 제과기술인이 될 마리 앙투안 카렘(Marie-Antoine Carême)이 태어난다.

카렘은 탈리랑드왕, 영국 조지 4세, 러시아의 알렉산더와 니콜라스 1세의 요리장을 차례로 역임하면서 그 명성을 높였지만 제과계에서 보면 근대 제과기술의 아버지라 불릴 만큼 눈부신 업적을 남겼다.

그는 다양한 과자를 발전, 개량시켰고 다양한 제과법을 정리, 통합하였으며 『파티시에 로얄 파리지앵』이라는 초보 제과기술인을 위한 책과 『19세기의 요리예술』이라는 5권의 저서를 남김으로써 후진 양성에 지대한 공헌을 했다.

무엇보다도 카렘은 데커레이션 케이크에 탁월한 솜씨를 보였다. 나폴레옹의 생일 파티를 비롯해 각종 파티석상에서 그의 명성을 드높인 많은 데커레이션 케이크 중에는 사원, 팔미르와 아테네 신전, 분수, 별장, 중국식 별채, 이집트 정자, 하프 같은 것들이 있었다고 한다. 특히, 카렘은 피에스 몽테(Pièce Montée)에 집착해 장식과자를 개선하고 공예과자를 발전시키는 데 많은 노력을 기울였으며 섬세하고 정교한 카렘의 공예과자는 당시 요리계에 큰 영향을 미쳐 많은 부분에서 영감을 주었다고 한다.

데커레이션 케이크에 주로 사용하는 버터크림은 1862년에 퀴이에 의해 개발되었으며 데커레이션 케이크의 다른 형태인 크리스마스 케이크 부슈 드 노엘(La bûche de noël)이 샤보라가(家)에서 처음 만들어진 것은 1879년이다.

역사적으로 말하면 과자는 성직자의 수요로 인해 발전해 왔고 피에스 몽테를 비롯한 장식과자는 귀족이나 왕가의 필요에 의해 창안되었다고 할 수 있다. 왕가(王家)란 특권을 의미하며 과자도 이런 왕가의 권위를 상징하지 않으면 안 되었다. 피에스 몽테는 바로 왕국의 상징이었던 것이다.

따라서, 장식과자의 대표라 할 수 있는 피에스 몽테는 프랑스식과 스페인식으로, 영국에서는 왕가의 결혼식을 상징하는 웨딩케이크로 각 나라별 특징을 반영하며 발전되어 왔다.

우리가 현재 사용하고 있는 케이크 데커레이션 기법은 바로 왕가의 피에스 몽테나 웨딩케이크를 보다 화려하게 장식하기 위해 고안되고 발달된 기법들이라 할 수 있다.

데커레이션에 필요한 도구

기본 도구

데커레이션을 성공시키려면 용구류를 적절하게 사용해야만 한다. 사용목적에 맞는 것을 골라 사용한 후 잘 정리해두면 오래 사용할 수 있다. 여러 종류를 갖추기보다는 양질의 것을 골라 응용해서 사용하자.

1. 밀대	6. 차 거름망	11. 작업대	16. 붓
2. 행주	7. 핸드믹서	12. 회전판	17. 카스텔라 나이프
3. 볼	8. 나무 주걱	13. 스테인리스 트레이	18. 프티 나이프
4. 거품기	9. 고무 주걱	14. 밀대(소)	19. 일자·L 자 스패튤라
5. 체	10. 스크레이퍼	15. 세공봉	20. 가위

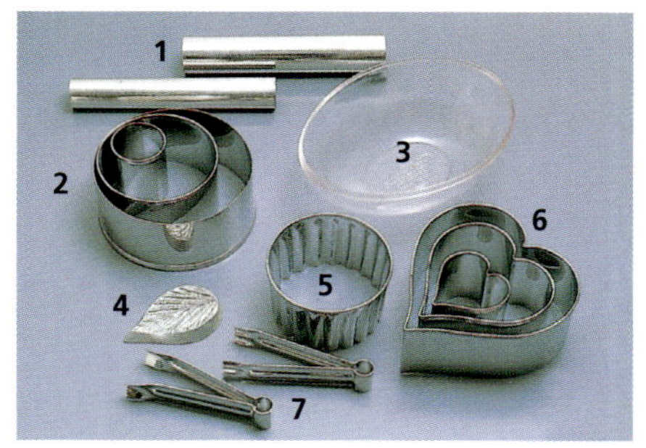

틀

틀에는 많은 형태와 크기가 있다. 재질도 스테인리스 스틸, 플라스틱 등 여러 가지가 있다. 틀 이외에도 주변에 있는 사물을 응용해 신선한 디자인을 할 수 있다.

1. 원통형
2. 모양틀(원)
3. 달걀형
4. 잎 모양틀
5. 모양틀(국화)
6. 모양틀(하트)
7. 펀치

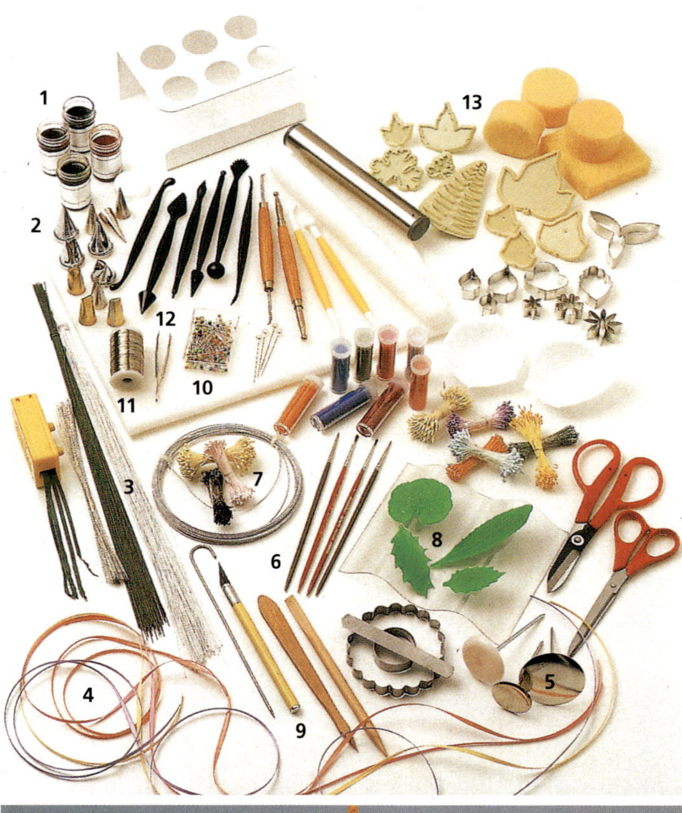

공예용 소도구

설탕 공예나 마지팬 공예 등에 사용하는 소도구들이다.

1. 식용색소
2. 모양깍지
3. 화훼용 철사
4. 리본 테이프
5. T네일
6. 붓
7. 꽃술
8. 나뭇잎 모양틀
9. 조각칼
10. 시침핀
11. 금색실
12. 핀셋
13. 다양한 모양틀

장식

과자 데커레이션의 포인트가 되는 장식용 재료이다. 슈거 스트랜드, 과일 설탕 조림, 너트류, 초콜릿, 잼 이외에 망사나 리본, 인형 등 많은 종류가 있다.

1. 슈거 스트랜드
2. 은단 초콜릿
3. 코리앤더
4. 미모사
5. 체리
6. 바이올렛
7. 안젤리카
8. 오렌지 필
9. 레몬 필
10. 아몬드 슬라이스
11. 코코넛
12. 호두
13. 피스타치오
14. 아이스크림용 콘
15. 잼
16. 판 초콜릿
17. 코팅용 초콜릿

데커레이션을 시작하기 전에

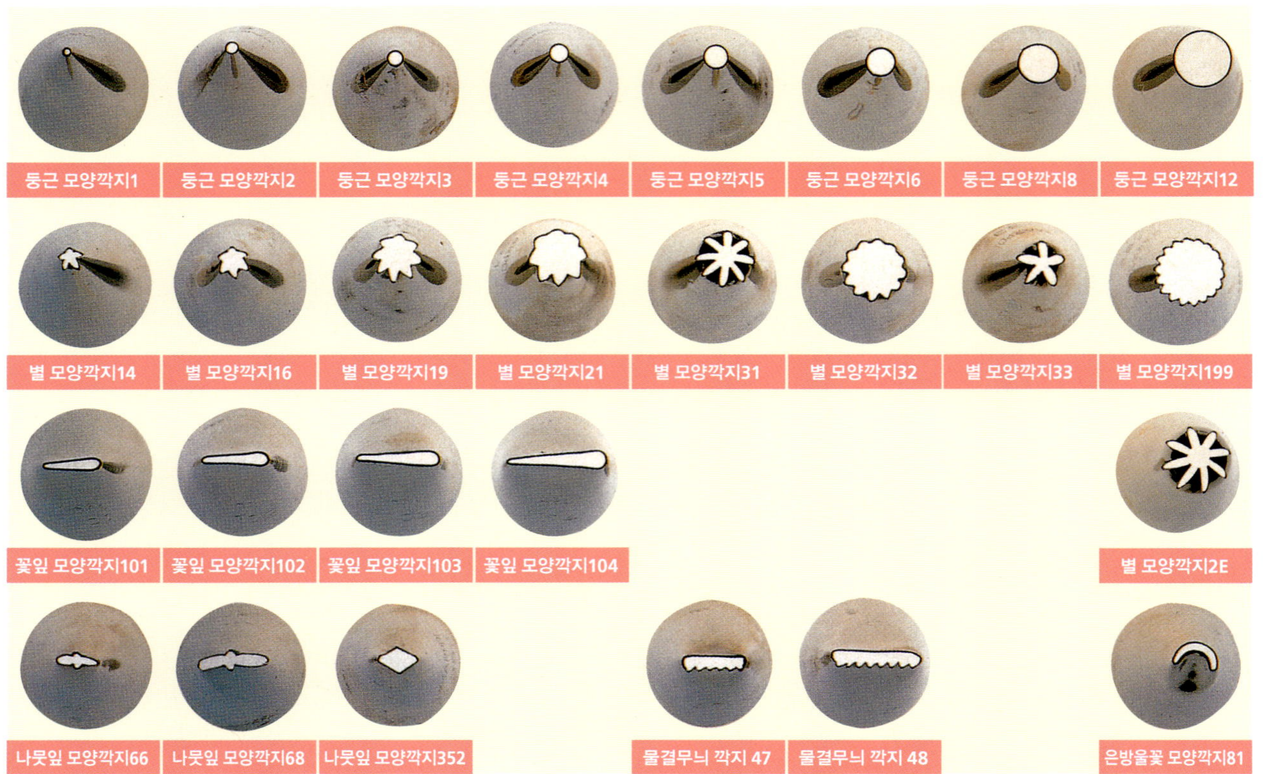

모양깍지

모양깍지는 짜는 입구의 모양에 따라 분류된다. 위의 사진은 이 책에서 사용하는 모양깍지로, 고유 번호를 붙여 설명한다.

● 둥근 모양깍지

바닥에 수직으로 짜면 깍지의 모양 그대로 둥근 모양이 되고 연속적으로 짜면 선 모양이 된다. 입구 지름이 작은 둥근 모양 1·2는 주로 선을 그리거나 글자를 쓰는 데 사용하거나 레이스를 짤 때 쓴다.

● 별 모양깍지

형태에 따라 많은 종류가 있다. 각이 좁고 깊이 파인 모양깍지는 별 모양이 확실하게 나타나며 얕게 갈라진 것은 부드럽고 잔잔한 파도 모양이 된다. 모양깍지를 옆으로 눕혀 연속으로 짜면 각진 모양이 선에 나타난다. 손의 움직임에 따라 변화 있게 짤 수 있으며 연속으로 짜거나 포인트를 주어 케이크 옆면을 장식한다. 특히 별 모양 2E는 커다란 케이크의 옆면 짜기에 사용한다.

● 꽃잎 모양깍지

꽃잎 짜기에 사용한다. 폭이 넓은 부분(둥그스름한 부분)이 꽃잎의 안쪽이 되며 폭이 좁은 부분(뾰족한 부분)이
바깥 부분이 된다. 또한 모양깍지의 폭넓은 부분을 바닥에 붙이고 옆으로 연속적으로 짜면 모양깍지의 넓이만큼
띠 형태로 짜진다. 띠 형태로 짜면서 상하로 짧게 움직이면 귀여운 프릴이 되고 조금씩 되돌아오면서 연속으로 짜
면 리본이 겹친 듯한 모양이 나와 동적인 움직임이 느껴진다.

● 나뭇잎 모양깍지

나뭇잎 짜기에 사용한다. 모양깍지를 옆에서 보면 가운데 부분이 산처럼 뾰족하게 솟아있다. 나뭇잎 모양 66·68
의 중앙에 있는 홈은 짰을 때 잎맥 부분이 된다.

● 물결무늬 깍지

무늬 없는 부분을 아래로 하고 물결무늬 부분을 이용해 일자로 띠 형태를 짠다. 바구니나 격자무늬를 짤 때 사
용한다.

● 은방울꽃 모양깍지

가운데 부분이 오목하게 들어간 초승달 모양의 깍지. 크림을 짜면 자연스런 둥근 모양의 은방울꽃이 완성된다.

짜기에 사용하는 재료와 도구

짜기를 잘 하려면 각각의 목적에 맞는 용구를 준비하는 것이 중요하다. 크래프트지나 유산지는 접어서 짤주머니
를 만들어 사용한다. 시판용 짤주머니는 폴리에스테르 섬유에 수지가공을 한 것으로 크기가 다양하고 씻어서 재
사용할 수 있다. 짤주머니에 커플러를 넣은 다음 모양깍지를 끼워 사용한다. 꽃이나 레이스, 런아웃 아이싱 등을
마른 뒤에 떼어내려면 유산지 위에 짠다. Y네일은 작게 자른 알루미늄 포일에, T네일은 유산지에 아이싱을 조금
짜서 붙이고 축을 회전시키며 짠 다음 종이 그대로 건조시킨다.

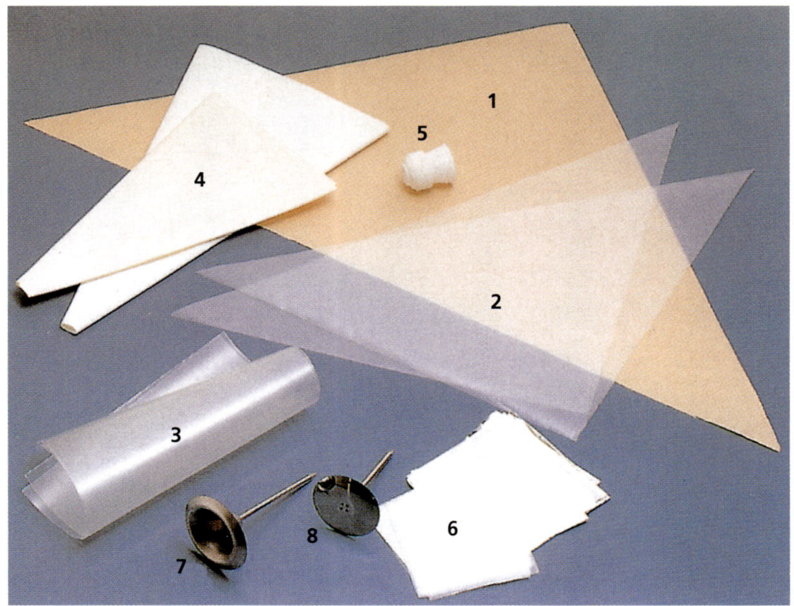

1. 크래프트지
2,3. 유산지
4. 짤주머니(시판용)
5. 커플러
6. 알루미늄 포일
7. Y네일(Y자 꽃받침대)
8. T네일(T자 꽃받침대)

종류별 짤주머니 사용방법

커플러가 1.5cm 정도 나올 수 있게 짤주머니 끝을 가위로 자른다.

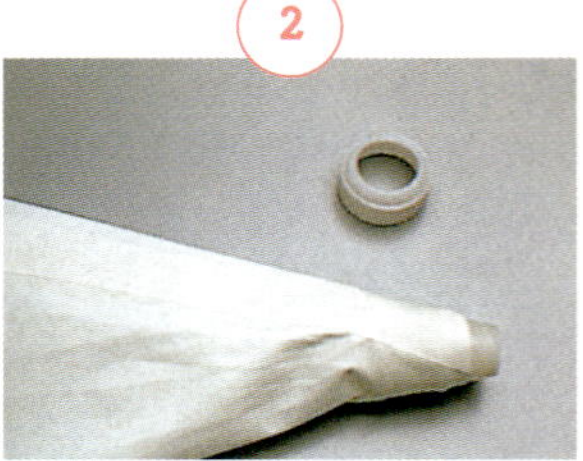

짤주머니 안에 커플러의 아랫부분을 넣은 다음 고정시킨다.

②의 커플러에 모양깍지를 바깥쪽에서 끼운다.

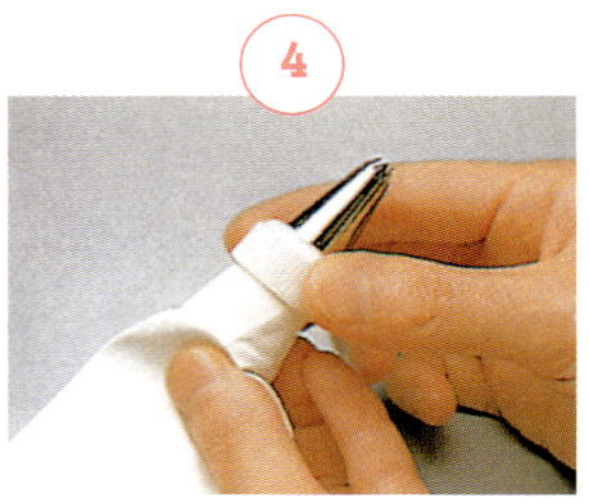

커플러 윗부분을 조여 모양깍지를 고정시킨다.

크래프트지로 만든 짤주머니 안에 모양깍지를 넣는다.

모양깍지를 넣은 짤주머니에 크림을 적당량 넣는다.

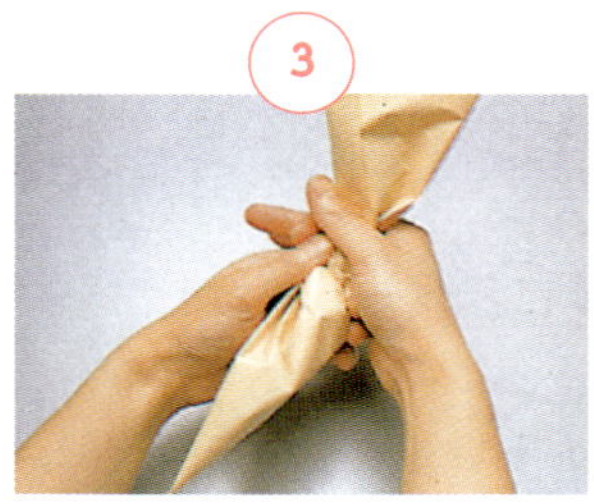

여분의 공기가 들어가지 않게 하면서 짤주머니의 입구를 비틀어 봉한다.

모양깍지가 1cm 정도 나올 수 있게 짤주머니 끝을 가위로 자른다.

• 짤주머니 만드는 법 (Paper Cone) •

그림과 같이 말다가 위로 빠져 나온 부분은 안으로 접는다. 크림이 나올 구멍이 되는 끝 부분은 빈틈없이 꼭 맞게 만드는 것이 중요하다.

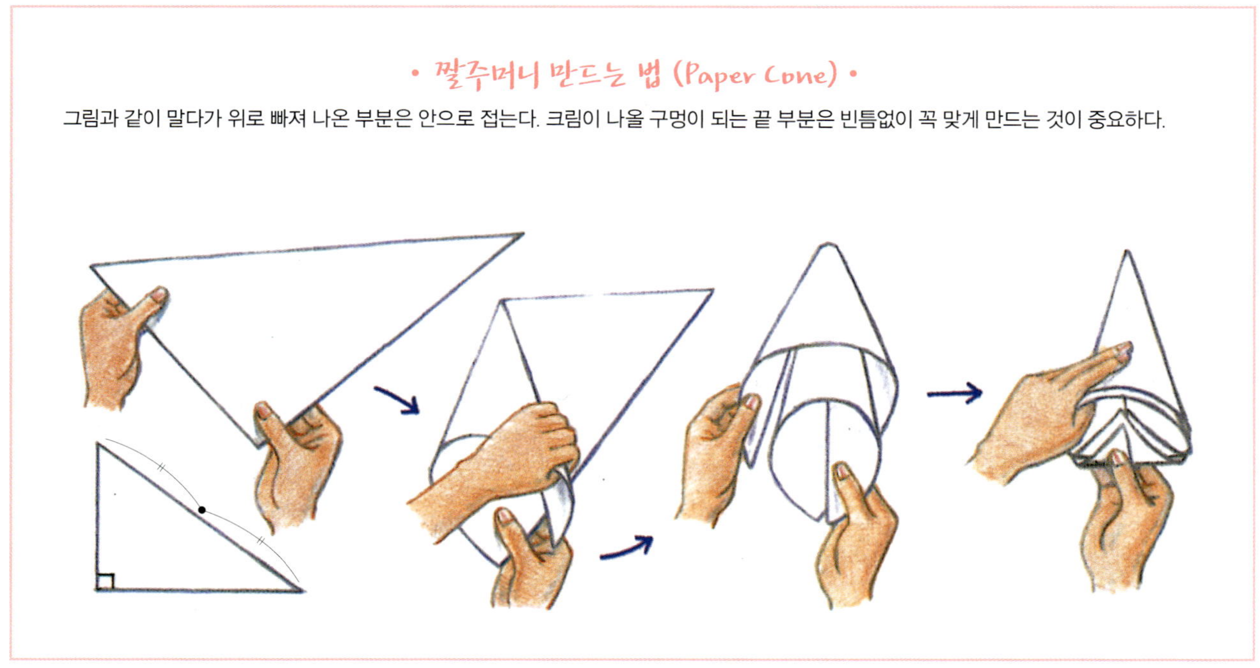

짜기

● 짤주머니 쥐기

오른손(짜는 손)으로 크림을 넣는 짤주머니 입구를 쥐고 누르며 힘을 가한다. 왼손(반대쪽 손)은 아랫부분을 가볍게 쥔다. 짜기에 따라 모양깍지의 각도는 달라진다. 포인트를 짤 때는 모양깍지가 짜는 면과 직각이 되도록 하고 연속해서 짤 때는 모양깍지(주머니)를 30° 정도 눕혀서 짠다.

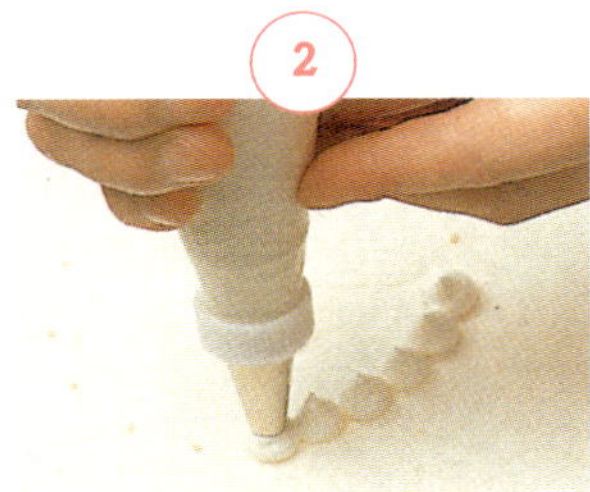

● 기본 짜기

짜기를 시작할 때는 짜는 면에 모양깍지를 대고 힘을 넣는다. 끝낼 때는 힘을 빼고 당긴다. 모양깍지를 30° 기울여 똑같이 짜면 조개 모양이 된다. 조개 모양 짜기를 연속해서 할 경우 짜는 끝부분에 다음 조개의 앞부분을 겹친다. 하나의 모양깍지로 길게 짤 경우는 처음부터 끝까지 힘을 균일하게 유지해야한다. 반대로 힘의 강약을 조절하면 변화 있는 짜기가 가능하다. 복잡한 짜기라면 전 단계에서 짠 게 마른 다음 겹쳐 짜는 것이 좋다.

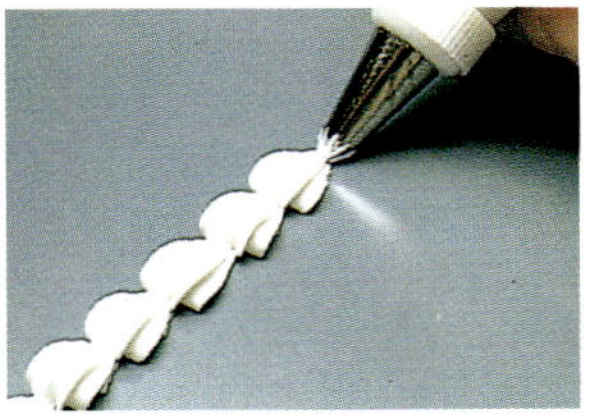

● T네일 짜기

일반적으로 평면적인 꽃 짜기에 사용하며 장미가 대표적이다. 짤 때는 네일에 유산지나 식품용 종이를 고정시키고(88페이지 참고) 그 위에 짠다. 꽃이 완성되면 종이 그대로 네일에서 떼어 건조시킨다. T네일의 기본적인 짜기는 꽃잎 모양깍지의 두꺼운 부분을 네일의 중앙에 대고 바깥 부분인 가는 부분을 움직여 꽃잎을 짜는 것이다. 짤 때는 모양깍지를 아래로 당기듯이 짠다. 짜는 폭이나 길이를 변화시키거나 프릴처럼 짜면 독특한 꽃잎이 되므로 여러 종류의 꽃을 짤 수 있다.

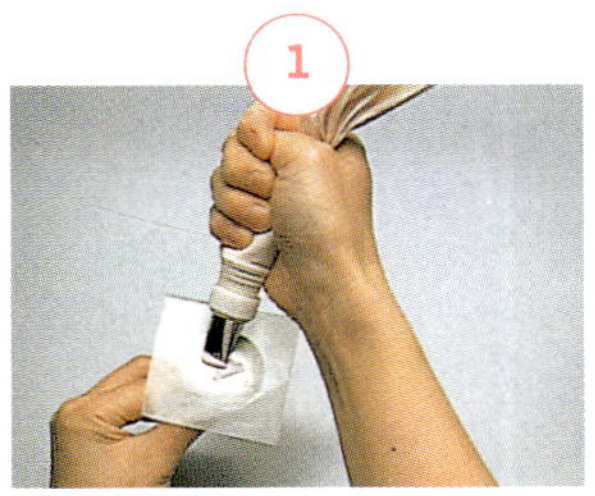
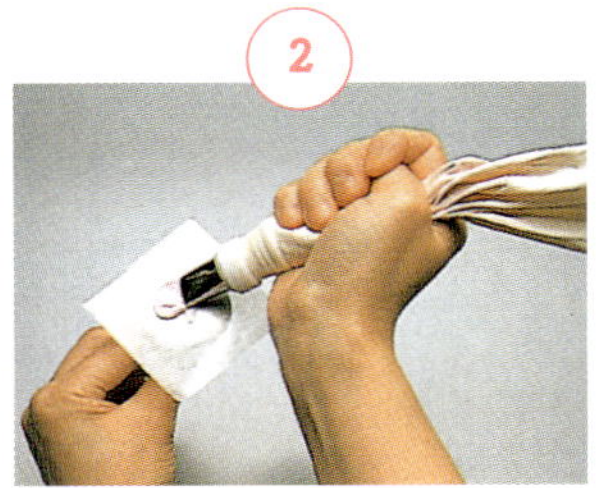

● Y네일 짜기

네일 중심의 오목한 형태를 이용해 입체적인 꽃을 짠다. 네일의 직경보다 큰 알루미늄 포일을 준비해(98페이지 참고) 오목한 부분을 따라 포일을 깐다. 그 위에 로열 아이싱으로 꽃잎을 짜고, 포일을 그대로 떼어내 건조시킨다. Y네일로 꽃잎을 짤 경우, 기본적으로 꽃잎 모양깍지의 두꺼운 부분을 오목한 중앙에 대고 부채 모양을 그리듯 짠다. 마무리는 처음 위치와 같은 높이에서 모양깍지를 당기면서 끊는다. 모양깍지를 눕혀서 짜면 꽃잎이 활짝 핀 듯한 꽃이 된다. 모양깍지의 움직임으로 변화를 줄 수 있다.

● 2색 짜기

2색의 로열 아이싱을 짤주머니에 세로로 넣는 방법과 물에 녹인 색소를 주머니에 먼저 바른 다음 한 가지 로열 아이싱을 넣는 방법이 있다. 색소를 바를 때는 유산지나 크래프트지로 주머니를 만들어 사용한다. 색소를 주머니 안에 붓으로 한 줄 바른 다음 로열 아이싱을 넣어 짜면 색소 부분이 일정하게 변한다.

이 방법을 꽃잎 모양깍지에 사용하면 꽃잎의 가장자리를 예쁘고 선명하게 짤 수 있다. 색소 부분이 꽃잎의 가장자리에 오도록 하려면 모양깍지를 주머니에 넣은 다음 모양깍지의 가는 부분에 색소를 바른다. 2색의 로열 아이싱을 넣는 경우도 마찬가지여서 꽃잎의 가장자리 색을 꽃잎 모양깍지의 가는 부분에 세로로 가늘게 넣는다. 또 둥근 모양깍지로 글씨 짜기를 하면 손의 움직임에 따라 색 나오는 방향이 바뀐다.

케이크의 구성

● 케이크의 토대가 되는 시트

데커레이션 케이크의 토대는 스펀지 케이크나 프루츠 케이크를 사용한다. 특히 프루츠 케이크는 보존기간이 길기 때문에 용도와 목적에 맞게 사용하기 좋다. 또 프루츠 케이크는 푹신하고 부드러운 스펀지 케이크에 비해 묵직해 기둥을 세워 여러 단으로 쌓는 케이크에 적합하다. 울퉁불퉁하게 구워진 시트는 데커레이션 반죽을 바르거나 씌웠을 때 모양이 예쁘지 않으므로 표면을 평평하게 만든 다음 사용한다.

기둥과 중간 받침대는 데커레이션 케이크의 단을 쌓을 때 사용한다. 데커레이션 케이크 위에 기둥을 세우고 그 위에 데커레이션 케이크를 올린다. 기성품도 있지만 검 페이스트로 만들 수도 있다. 직접 만들면 형태를 원기둥, 각기둥처럼 원하는 모양대로 만들 수 있으며 높이나 폭도 케이크에 맞게 결정할 수 있어 조화로운 케이크가 된다. 검 페이스트는 모양틀이나 롤러로 모양을 찍어낼 수 있어 세공이 자유롭다. 기둥을 세운 다음 로열 아이싱으로 장식하면 더욱 화려해진다. 기둥만으로도 케이크를 지탱할 수 있지만 기둥 밑이나 위에 중간 받침대를 대면 보다 확실하게 지지할 수 있다. 중간 받침대도 검 페이스트로 만들 수 있으며 위에 올리는 케이크와 같은 크기로 만들거나 조금 작은 사이즈로 만든다.

• 케이크 크기와 조화

토대가 되는 스펀지 케이크와 프루츠 케이크는 가정용 오븐에서 구울 수 있지만 만들 수 있는 크기에는 한계가 있다. 큰 것은 케이크를 구성한 다음 모양을 만든다. 데커레이션 케이크를 2단이나 3단으로 구성하는 경우, 케이크를 쌓는 방법과 케이크 사이에 기둥과 중간 받침대를 넣는 방법이 있다. 3단은 사이사이에 기둥을 넣거나 두 개의 케이크를 직접 쌓은 다음 한 군데에 기둥을 세우기도 한다. 케이크는 위로 2단 혹은 아래로 2단이 가능하다. 두 곳에 기둥을 세우면 높아져서 전체적으로 길어지고 공간이 많아지므로 중·하단의 케이크 윗면에 많은 데커레이션을 할 수 있다. 기둥을 한 군데

에 세우면 기둥을 두 곳에 세울 때에 비해 공간이 줄어드는 반면, 눈에 들어오는 부분이 집중되어 힘있고 묵직한 느낌이 드는 케이크가 된다. 3단 케이크의 크기는 상단 케이크 직경 또는 한 변이 15㎝라고 하면 중간 단은 21㎝, 하단은 30㎝가 조화롭다. 기본 분량보다 케이크의 높이를 높이고 싶다면 틀의 허용 범위 내에서 가능한 비율까지 늘리거나 같은 케이크를 2장 구워 겹친다. 케이크의 옆면 디자인에 따라 케이크의 높이가 달라지므로 토대가 되는 시트의 반죽 분량 조절이 중요하다.

• 케이크 받침대

완성된 데커레이션 케이크를 장식할 때는 도일리 페이퍼를 깐 다음 접시나 받침대에 올리거나 접시에 올릴 수 없는 큰 케이크 등은 케이크 받침대에 올린다. 케이크 받침대는 튼튼하고 두꺼운 종이에 금박지나 은박지를 씌워서 만든다. 크기는 케이크보다 조금 작은 크기로 한다. 또 케이크에 맞게 받침대 주위에 프릴 형태의 리본을 붙이면 한층 화려해진다. 2단, 3단 데커레이션 케이크에 중간 받침대 대신 케이크 받침대를 사용해도 무방하다.

데커레이션을 위한 반죽 만들기

데커레이션 반죽의 재료는 슈거파우더가 기본으로, 여기에 더하는 재료에 따라 특징이 달라진다. 로열 아이싱은 거품 낸 흰자와 슈거파우더를 섞어 만든 것으로 짜기나 아이싱에 사용한다. 롤드 퐁당은 물엿과 글리세린을 넣은 것으로 부드럽게 늘어지는 성질을 가지고 있으며 케이크 커버로 적당하다. 모델링 페이스트는 쇼트닝과 소량의 물엿이 들어가 적당하게 늘어나며 건조도 빠르고 형태도 오래 유지되므로 꽃성형에 적당하다. 검 페이스트는 수분이 있는 흰자에 젤라틴을 넣은 반죽으로 가장 건조가 빠르고 단단하게 굳는다. 판 형태로 굳혀 구성하는 작업에 적당하다.

로열 아이싱 Royal Icing

재료(슈거파우더 650g분)
슈거파우더 650g
흰자 100cc
┌ 주석산 0.6g(⅛작은술)
└ 물 1작은술
시럽
┌ 설탕 50g
└ 물 25cc

물기나 기름기 없는 볼에 흰자를 넣고 핸드믹서로 거품을 잘 낸다.

거품 낸 흰자에 1작은술의 물로 녹인 주석산을 넣고 섞는다.

냄비에 물과 설탕을 넣고 불에 올린다. 전체가 끓으면 약 10초 후에 불에서 내린다.

②에 ③을 조금씩 넣으며 거품을 낸다.

④에 체 친 슈거파우더를 몇 번에 걸쳐 나누어 넣고 다시 잘 섞는다.

윤기가 나며 부드러운 로열 아이싱이 만들어졌으면 믹서에서 내려 랩을 씌운다.

롤드 퐁당 Rolled Fondant

재료(슈거파우더 400g분)
슈거파우더 400g
┌ 분말젤라틴 4g(½큰술)
└ 물 30cc
물엿 75g
글리세린 8g(½큰술)

물에 분말젤라틴을 넣고 섞은 다음 2~3분 동안 불린다.

따뜻한 물을 넣은 냄비를 불에 올린 다음 ①을 중탕으로 녹인다.

녹인 젤라틴에 글리세린과 물엿을 넣
고 잘 녹인다.

체 친 슈거파우더에 중탕으로 녹인 ③
을 넣고 잘 섞는다.

잘 반죽해 비닐 봉지에 넣어 보관한
다. 반죽이 질 때는 슈거파우더의 양
을 조절한다.

모델링 페이스트 Modelling Paste

재료(슈거파우더 500g분)

슈거파우더 500g
분말젤라틴 12g(½큰술)
물 90cc
레몬즙 2.5cc(½작은술)
쇼트닝 6g(½큰술)
물엿 10g(½큰술)

물에 넣어 2~3분간 불린 분말젤라틴
을 중탕으로 녹인다.

녹인 젤라틴에 쇼트닝, 물엿, 레몬즙
을 넣어 잘 녹인다.

체 친 슈거파우더에 중탕으로 녹인 ②
를 잘 섞는다.

잘 반죽해 비닐 봉지에 넣는다. 반죽
이 질 때는 슈거파우더의 양을 조절
한다.

검 페이스트 Gum Paste

재료(슈거파우더 600g분)

슈거파우더 600g
분말젤라틴 10g
물 50cc
흰자 30cc(1개분)

물에 넣어 2~3분간 불린 분말젤라틴
을 중탕으로 녹인다.

체 친 슈거파우더에 흰자, ①을 넣고
잘 섞는다.

잘 반죽한 다음 비닐 봉지에 넣는다.
반죽이 질 때는 슈거파우더의 양을 조
절한다.

데커레이션 반죽의 아이싱과 커버

로열 아이싱이나 롤드 퐁당으로 시트를 덮는 작업은 케이크 데커레이션의 제 1단계라고 할 수 있다. 커버를 씌우는 경우, 반죽을 고정시키기 위해 토대가 되는 케이크에 살구잼을 바른다. 롤드 퐁당은 반죽이 질기 때문에 마지팬을 먼저 씌우면 모양이 잡혀 단단하게 씌울 수 있다. 로열 아이싱을 바를 때도 마지팬을 씌운 다음 바르면 견고하고 깨끗한 모양이 나온다.

**로열 아이싱
버터크림
생크림**

케이크 윗면에 스패튤라를 사용해 로열 아이싱(버터 크림, 생크림)을 윗면 전체에 편다.

스패튤라를 세워가며 옆면의 로열 아이싱을 펴서 깔끔히 정리한다.

케이크에 남아있는 여분의 로열 아이싱을 윗면 중심을 향해 스패튤라로 덜어 정리한다.

**마지팬과
로열 아이싱**

토대가 되는 케이크 전체에 살구잼을 얇게 바른다.

밀어 편 마지팬을 케이크 옆면의 높이에 맞추어 자른 다음 옆면에 붙인다.

윗면에 맞게 자른 마지팬을 붙인 다음 위에서부터 로열 아이싱을 전체에 바른다.

**마지팬과
롤드 퐁당**

마지팬은 슈거파우더를 덧가루로 사용해 케이크의 직경과 높이를 더한 분량보다 조금 크게 밀어 편다.

살구잼을 바른 케이크에 밀어 편 마지팬을 씌워 가볍게 누르면서 밀착시킨다.

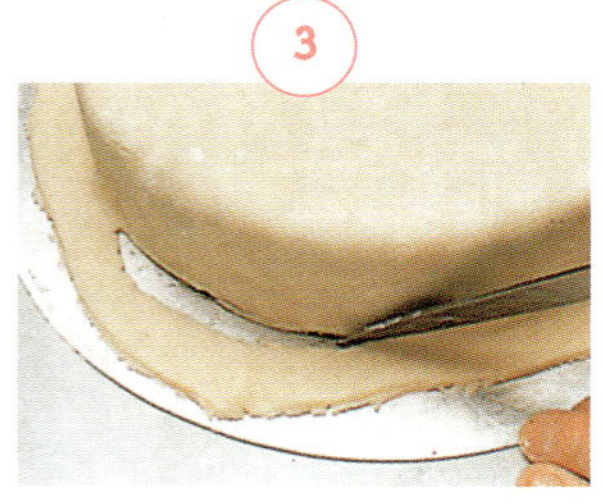

여분의 마지팬을 칼로 잘라낸다.

데커레이션 반죽은 슈거파우더나 콘스타치를 덧가루로 사용하며 두께를 일정하게 밀어 펴야한다. 둥근 케이크에 커버를 씌울 때는 케이크의 직경과 양측면을 더한 분량보다 조금 더 크게 밀어 편다. 사각 케이크의 경우는 윗면과 측면에 맞게 자른 것을 케이크에 붙여 이음새를 정리한다.

콘스타치를 덧가루로 사용한 롤드 퐁당을 마지팬과 같은 방법으로 밀어 핀 다음 씌운다.

여분을 잘라 낸 다음 붓으로 물을 살짝 칠해 끝부분을 밀착시킨다.

<로열 아이싱 착색 방법>

분말 색소에 소량의 물을 넣어 녹인다.

로열 아이싱(버터 크림, 생크림)에 색소를 조금씩 섞으면서 원하는 색깔로 조절한다.

<롤드 퐁당 착색 방법>

롤드 퐁당(커버 페이스트, 마지팬)에 물로 녹인 색소를 조금 넣는다.

소량이라도 짙은 색이 나므로 조금씩 넣어가며 색을 조절한다.

옆면 짜기의 분할 방법

케이크 높이와 같은 폭의 종이를 케이크 둘레에 둘러 원주 길이 형태의 종이를 만든다.

옆면을 8등분으로 하고 싶은 경우는 종이를 세 번 접는다.

짜고 싶은 라인을 결정한 다음 종이에 선을 긋고 가위로 자른다.

케이크에 종이를 두르고 시침핀이나 로열 아이싱으로 종이 선을 따라 표시한다.

런아웃 아이싱 방법

로열 아이싱으로 선 긋기를 한 다음 비어있는 면을 채우는 기법이다. 초보적인 방법은 평면 전체를 선으로 분류한 다음 나누어 채워 넣는 것이다. 채우는 양에 따라 도안이 입체적이 된다. 데커레이션 반죽을 씌운 케이크에 직접 대꼬치나 시침핀으로 밑그림을 그려 채워 넣는 방법과 별도로 완성해둔 것을 케이크에 붙이는 방법이 있다. 직접 채워 넣는 방법은 롤드 퐁당을 씌운 케이크에서 적당하다. 채워 넣는 면적이 넓은 경우는 끝부분부터 채우기 시작한다. 또한, 반죽이 빨리 굳으므로 채워 넣은 다음 표면이 울퉁불퉁해지지 않도록 재빨리 작업해야 한다.

로열 아이싱 60g에 물 2.5cc(½작은술)의 비율로 아이싱을 묽게 한다.

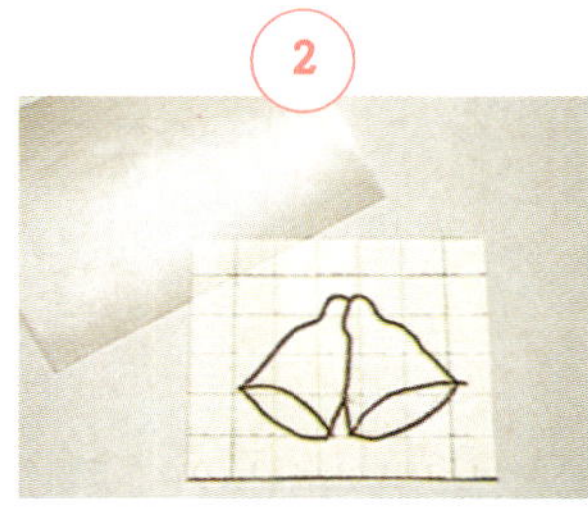

종이에 도안을 깔고 유산지를 준비한다.

도안에 유산지를 겹치고 도안선을 따라 로열 아이싱을 짠다.

도안선 안을 ①의 런아웃 아이싱으로 채운다.

반나절에서 하루 정도 방치한 다음 완전히 마르면 유산지에서 떼어낸다.

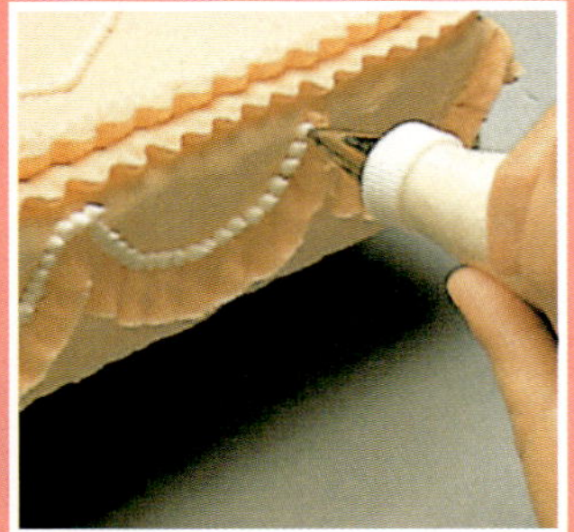

데커레이션 테크닉

Cake
Decoration
Technique

Chapter 01

모양깍지를 이용한 짜기

별 모양깍지
둥근 모양깍지
꽃잎 모양깍지
여러 모양깍지를 이용한 베리에이션

별 모양깍지 *Star Tips*

짜는 방법이 같아도 모양깍지의 호수와 짜는 힘의 강약에 따라 여러 가지 표현이 가능하다. 별 모양깍지는 가장 일반적인 깍지로 초보자도 쉽게 사용할 수 있다. 단순하게 짜도 데커레이션의 디자인을 돋보이게 하고 볼륨감을 낸다.

1 케이크에 종이틀을 대고 선을 따라 로열 아이싱으로 표시한다.

2 별 모양깍지21로 기본선이 되는 큰 원을 짠다. 다음으로 중앙에 작은 원을 짠다.

3 큰 원에서부터 윗면의 가장자리까지 별을 4개 짜 선을 표현한다.

4 케이크의 가장자리에서 옆면 밑으로 별 3개를 짠다.

5 ④에서 짠 세로선 사이에 위쪽, 왼쪽, 오른쪽으로 조개 모양을 짜고 그 밑에 별을 1개 짠다.

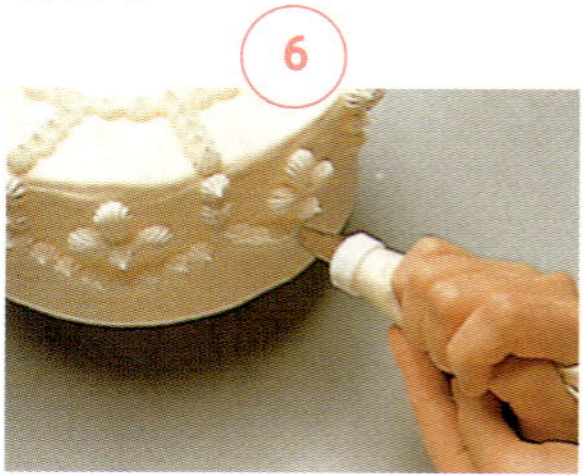

6 옆면에 표시된 라인을 따라 별을 7개씩 짜 한 바퀴를 돈다.

7 윗면을 8등분한 면의 중앙과 케이크 중심에 별을 1개 짠다.

8 별 모양깍지16으로 핑크색을 겹쳐 짠다. ⑦ 위에 별 모양깍지16으로 ⑦과 옆면 장식 위에 핑크색을 겹쳐 짠다.

별 모양33

별 모양19

별 모양21

모양깍지를 수직으로 세워 한 번에 힘을 넣어
짜고 힘을 뺀 다음 모양깍지를 들어올린다.

오른쪽 방향으로 원을 그리듯 돌리면서 짠 다음 힘을 뺀다.

테두리를 먼저 만든 다음
같은 모양깍지로 가운데를 채운다.

별 모양19

별 모양19 손바닥을 위로 한 다음 30°로 기울여 짠다. 내용물이 면에 닿으면 서서히 힘을 빼면서 오른쪽으로
당기는데 마지막은 힘을 빼서 면에 문지르듯이 모양깍지를 당기면 조개 모양이 된다.

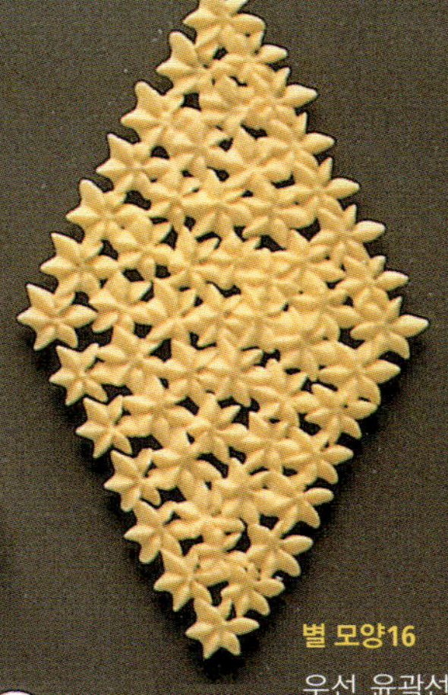

별 모양19 모양깍지를 30°로 기울여 위쪽, 왼쪽, 오른쪽으로 조개 모양을 짠다.

별 모양16

우선 윤곽선을 만들
고 가장자리부터 조
금씩 채워나간다.

별 모양19 모양깍지를 30°로 기울여 상하로 움직이면서 오른쪽으로 짜나간다.

별 모양19 오른쪽 원에 왼쪽으로 반원을 겹치듯이 짠다.

별 모양19 손바닥을 위로 한 다음 30°로 기울여 짠다. 내용물이 면에 닿으면 서서히 힘을 빼면서 오른쪽으로
당기는데 마지막은 힘을 빼서 면에 문지르듯이 모양깍지를 당기면 조개 모양이 된다.

별 모양32

별 모양19 손바닥을 위로 한 채 30°로 기울여 짜기 시작한다. 처음에는 힘을 넣어 짜다가 서서히 힘을 빼면
서 가볍게 활을 그리듯이 짠다.

별 모양21

별 모양19 서서히 힘을 넣으면서 점점 크게 상하로 움직인다. 중앙에 오면 다시 서서히 폭을 줄이고 마지막에는
오른쪽으로 당기면서 끊는다.

❶ 잘게 자르듯이 손을 움직이며 짠 다음 힘을 빼고
오른쪽 아래로 당기면서 끊는다. ❷ 왼쪽에서 오른
쪽으로 위로 활을 그리듯이 짧게 짠다.

별 모양깍지를 사용한 짜기

모양깍지를 30°로 기울여 오른쪽, 왼쪽 방향으로 돌리면서 짠다. 직선 부분은 조금 힘을 빼면서 오른쪽으로 당겨서 끊는다.

천천히 방향을 돌리면서 짜다가 가장 높은 부분에 오면 힘을 빼면서 아래로 내려 활 모양을 그린다.

손바닥을 위로하여 짜기 시작한다. 각도를 바꾸는 지점에서도 같은 힘으로 똑바로 짠다.

아랫부분에 모양깍지를 넣듯이 해 올려 짜면서 끝부분이 겹치도록 짠다.

좌우를 먼저 짜고 그 위에 조개 모양을 연속으로 짠다.

좌우의 조개는 모양깍지를 조금 돌리듯이 짠다.

❶ 손바닥을 위로 하여 상하로 살짝 움직이면서 활 모양을 그리듯이 짜나간다. ❷ 테두리는 조개 모양을 연속으로 짠다.

별 모양19·21 ❶ 19로 활을 그리듯이 연속으로 짠다. ❷ 21을 수직으로 짠다.

별 모양16 ❶ 손바닥을 위로 한 채 모양깍지를 거의 눕히듯이 해 완만한 산 모양을 짠다. ❷ 수직으로 별 2개씩을 짠다.

별 모양19

별 모양19·16

별 모양16

별 모양16
둥근 모양 2

별 모양16
둥근 모양 2
❶ 별 모양으로 조금씩 원을 크게
그리면서 반씩 겹쳐지게 짜 바구니나
단지같은 느낌이 나도록 한다.
❷ 별을 6~8개씩 짜준다.
❸ 둥근 모양깍지로 포인트를 준다.

별 모양19
❶ 완만한 물음표 모양을 짜 사각형을
만든다.
❷ 끝부분에 조개 모양을 3개씩 짠다.
❸ 중앙에 수직으로 별을 하나 짠다.

별 모양16·19 19로 조개 모양을 짜고 16 모양깍지를 눕혀서 선을 2줄 짠다. 19를 수직으로 짜 별을 만든다.

별 모양19·16 ❶ 19로 손바닥을 위로 해 천천히 돌리면서 짠 뒤 힘을 빼면서 끊는다. 이를 연속으로 짠다. ❷ 16을 수직으로 해 별 5개를 짠다.

별 모양16 ❶ 손바닥을 위로 해 천천히 위로 당기면서 정점까지 짜고 아래로 내리면서 힘을 빼 끊을 듯이 하다가 연속으로 다시 짠다. ❷ 모양깍지를 조금 비스듬히 눕혀서 위에 겹치듯이 살짝 당긴다. ❸ 수직으로 별을 1개씩 짠다.

별 모양16 ❶ 위와 같은 방법으로 연속짜기를 한 다음 조개 모양을 2개씩 겹쳐 짠다. ❷ 시작 부분에 돌려짜기하고 별을 하나 짠다.

별 모양16 ❶ 면에 수직으로 모양깍지를 대고 S자로 짠다. ❷ 2개의 조개 모양을 짠다. ❸ 수직으로 별 1개를 짜고 조금 돌려가며 작은 조개 모양을 2개 연속해서 짠다.

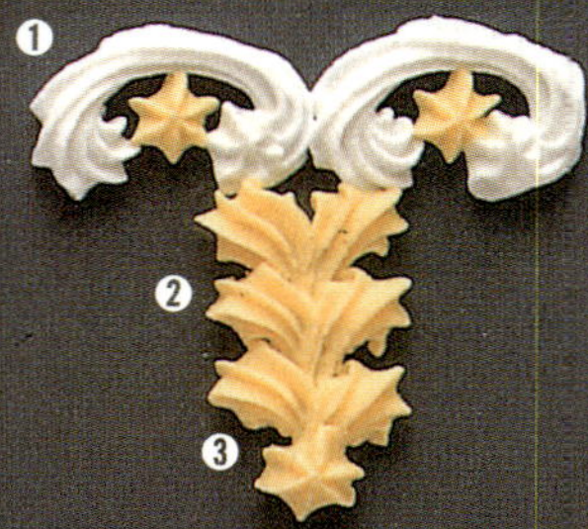

별 모양16 ❶ 모양깍지를 수직으로 해 반원 모양으로 짠다. ❷ 조개 모양 한 쌍을 3줄 짠다. ❸ 수직으로 별을 짜 마무리한다.

별 모양16

별 모양32

별 모양32·16 ❶ 모양깍지32를 30°로 기울여 면에 대고 똑바로 같은 힘으로 짠다. ❷ 별 모양깍지16의 끝을 아래에 넣듯이 해 위로 끌어올리면서 비스듬히 걸친다.

별 모양19 모양깍지를 면에 수직으로 하고 아래에서 위로 조개 모양을 길게 짜 줄기를 만든다. 잎도 같은 방법으로 짧게 짠다.

별 모양19 모양깍지를 수직으로 세우고 시작 부분을 천천히 돌리면서 짜다가 도중에 힘을 빼고 당기면서 돌려 끊는다. 모양깍지를 30˚ 기울여 상하로 움직이면서 사이를 채운다.

별 모양16 격자 모양을 짠다. 모양깍지를 수직으로 하고 조금 간격을 띄우면서 짠다. 둘레를 조개 모양으로 장식한다.

별 모양32·둥근 모양2 별 모양깍지를 30˚로 기울여 한 번에 힘을 넣어 크게 짠 다음 힘을 빼면서 끊는다. 둥근 모양깍지로 띄우듯 선을 짠다.

둥근 모양2·별 모양19 ❶ 둥근 모양깍지를 수직으로 짠다. ❷ 별 모양깍지도 수직으로 세운 다음 크게 윤곽을 짠다.

A 별 모양19로 겹쳐 짜면서 모양을 만든 다음 둥근 모양깍지로 선을 짠다.

B 별 모양21로 조개 모양을 짠다. 그 위에 별 모양16으로 겹쳐서 짠다. 둥근 모양깍지로 활 모양을 짜고 포인트를 준다.

C 별 모양으로 먼저 짠 다음 그 위에 둥근 모양으로 짜서 겹친다. **D** 별 모양을 짜고 그 위에 둥근 모양깍지로 선을 2회 짜 겹친다.

E D의 응용. 별 모양으로 짠 다음 둥근 모양으로 선을 짜 3회 겹친다.

F 둥근 모양 12로 하트를 짠다. 둥근 모양 4로 하트 위에 또 하트를 짠 다음 활 모양 선으로 2단을 짜 포인트를 준다.

둥근 모양깍지 *Round Tips*

짜는 요령은 별 모양깍지와 같지만 모양 변화가 없으므로 그만큼 어렵다. 짜는 선이 단순하기 때문에 화려함이 부족해지기 쉽고, 힘조절에 주의해서 짜지 않으면 불규칙한 모양이 되어 쉽게 눈에 띈다.

1 케이크에 종이틀을 대고 라인을 따라 로열 아이싱으로 곳곳에 표시한다.

2 둥근 모양깍지12로 기본선이 되는 가운데 원을 짠다.

3 윗면의 가장자리를 따라 2줄을 짠다.

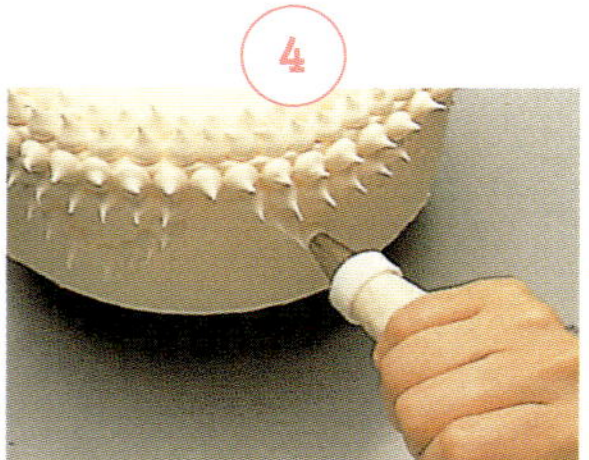

4 옆면 가장자리에 1바퀴를 돌려 짜고 옆면에 삼각형의 윤곽을 짠다.

5 삼각형의 안쪽을 노란색으로 짜서 채운다.

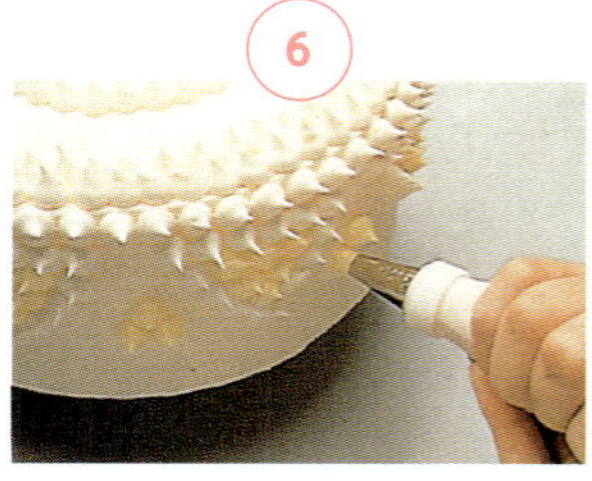

6 삼각형 사이 빈 공간에 노란색을 삼각으로 짠다.

7 윗면 4곳에 노란색을 3개씩 짜서 삼각형 모양을 만들고, 가운데 원 안쪽도 노란색으로 채운다.

8 윗면 노란 삼각형 사이와 옆면 노란 삼각형 밑에 오렌지색을 3개씩 짜 삼각 모양을 만든다.

둥근 모양깍지 짜기

<table>
<tr><td>둥근 모양2</td><td>둥근 모양8</td><td>둥근 모양12</td></tr>
</table>

❶ 짜는 손의 손바닥을 위로 한 채 모양깍지를 30°로 기울이고 같은 힘으로 오른쪽으로 당기면서 짠다. 힘을 빼면서 끊는다. ❷ 모양깍지를 30°로 기울여 조개 모양으로 짠다.

둥근 모양2 ❶ 손바닥을 위로 한 채 모양깍지를 눕혀 부드러운 산 모양으로 짠다. ❷ 가지는 30°로 기울여 짜고 힘을 빼면서 당겨 끊는다.

둥근 모양12·2 ❶ 12로 조개 모양을 연속해서 짠다. ❷ 2를 30°로 기울인 다음 우선 윗부분 선을 짠다. 손등을 위로 하여 아랫부분도 테두리 선을 짠다.

둥근 모양2
우선 간격을 표시한다. 모양깍지를
30°로 기울여 약간 띄우는 듯한 느낌으로
선을 늘어뜨리며 표시선까지 짜고 멈춘다. 1단, 2단도 연속해서 짠다.

둥근 모양4·2 ❶ 간격을 먼저 표시한 다음 4를 수직으로 세워 밑에서 위로 짠다. ❷ 2로 선을 짠다.

둥근 모양2 흰색과 핑크를 짠 다음 그 위에 녹색을 겹치도록 짠다.

둥근 모양2 ❶ 간격을 표시한다. 손바닥을 위로 한 채 30°로 기울인 다음 부드러운 산 모양으로 짠다. ❷ 타원을 그리듯이 짜서 반씩 겹쳐지도록 짜 벨 모양을 만든다. ❸ 핑크색으로 중앙에 조그맣게 짠다. ❹ 모양깍지를 수직으로 하고 약간 띄우는 듯 끈 모양으로 짠다.

둥근 모양2 간격을 표시하고 상하를 짠다. 모양깍지를 수직으로 세워 안쪽에도 모양을 낸다.

둥근 모양2 손바닥을 위로 한 채 30°로 기울여 물음표 모양으로 짠다. 하트 모양을 만들고 중앙에 모양을 넣는다.

둥근 모양깍지2 우선 등간격을 표시한다. 그 사이를 6등분으로 나눈 다음 왼쪽에서부터 순서대로 짠다.

둥근 모양깍지8 모양깍지를 30°로 기울여 천천히 돌려가며 짠다. 중간쯤 오면 힘을 빼고 당기면서 끊는다. 끊긴 부분에 다시 짜기 시작해 끝부분을 동그랗게 돌려 마무리한다.

꽃잎 모양깍지 *Rose Tips*

띠 형태로 짜며 손의 움직임에 따라 조개 모양(가리비), 산 모양, 프릴 모양을 짤 수 있다. 케이크에 산뜻함과 볼륨감을 더하고 별 모양, 둥근 모양과 적절히 조화시켜 짜면 한층 풍부한 표정과 움직임을 줄 수 있다.

1. 케이크에 종이틀을 대고 라인을 따라 로열 아이싱으로 곳곳에 표시한다.

2. 꽃잎 모양깍지104로 케이크 가장자리에 프릴 모양을 짠다.

3. ②와 같은 방법으로 1바퀴를 더 짠다.

4. 옆면에 그려 둔 라인을 따라 프릴을 짠다.

5. 윗면 프릴 안쪽 부분에 둥근 모양깍지를 이용해 흰색 다트 선을 짠다.

6. 중앙에 흰색으로 마름모꼴을 짠다.

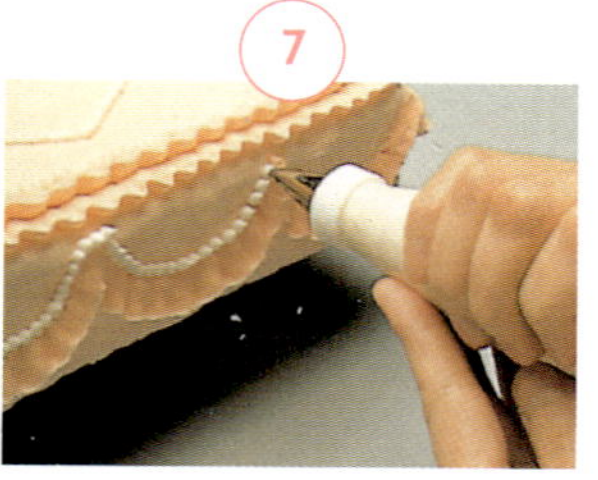

7. 옆면 프릴 안쪽에 흰색 다트 선을 짠다.

8. 중앙에 리본을 올려 장식한다.

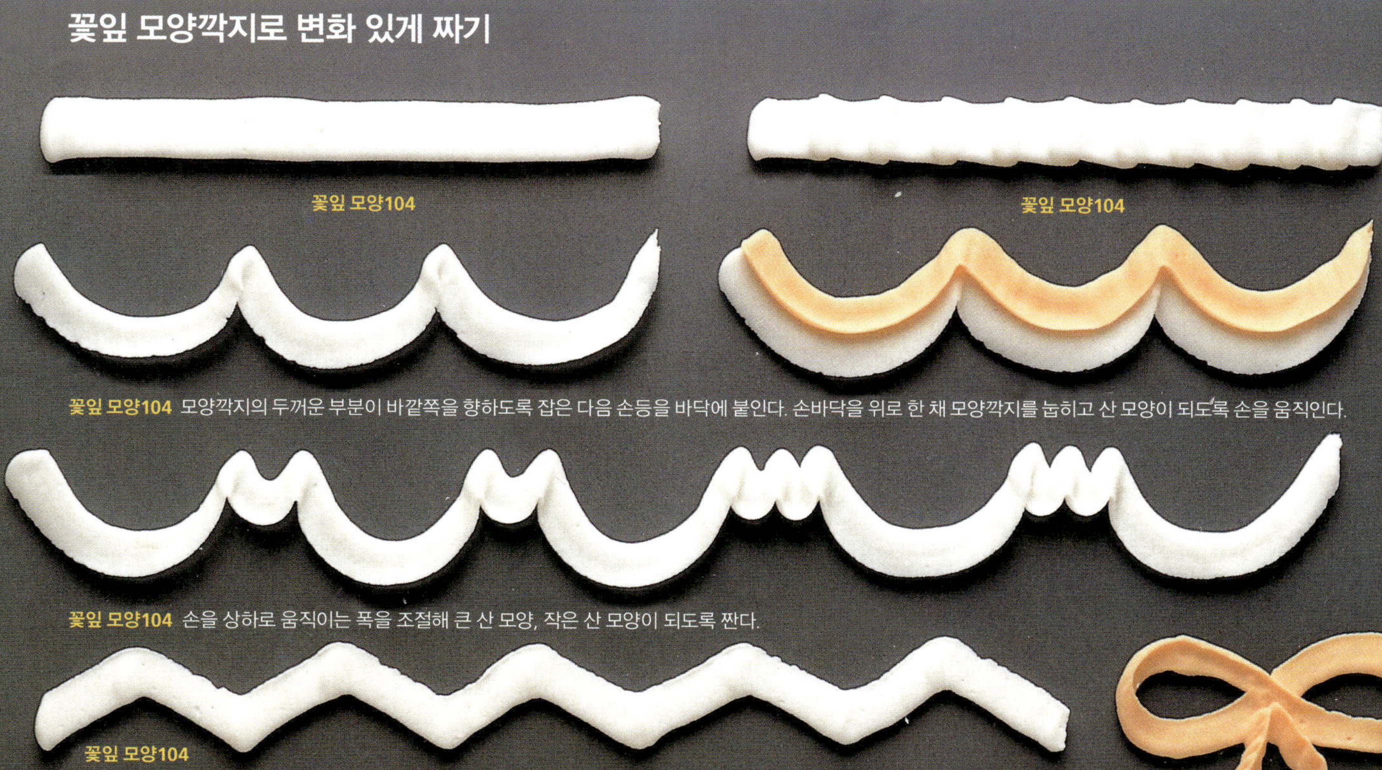

꽃잎 모양104

꽃잎 모양104

꽃잎 모양104 모양깍지의 두꺼운 부분이 바깥쪽을 향하도록 잡은 다음 손등을 바닥에 붙인다. 손바닥을 위로 한 채 모양깍지를 눕히고 산 모양이 되도록 손을 움직인다.

꽃잎 모양104 손을 상하로 움직이는 폭을 조절해 큰 산 모양, 작은 산 모양이 되도록 짠다.

꽃잎 모양104

꽃잎 모양104
둥근모양4

꽃잎 모양104

꽃잎 모양104 모양깍지의 두꺼운 부분을 아래로 하고 바닥에 붙인 다음 오렌지색을 겹친다.

꽃잎 모양102 모양깍지의 두꺼운 부분을 아래로 하고 바닥에 붙인다. 모양깍지 세우는 정도를 조절해 옆으로 8자를 짠다.

꽃잎 모양104

꽃잎 모양104

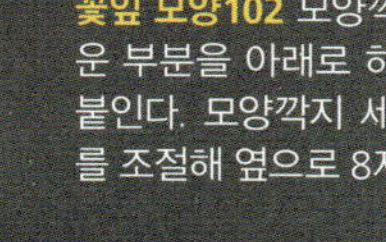

꽃잎 모양104·102

꽃잎 모양104

별 모양32·꽃잎 모양102

별 모양32·꽃잎 모양102

별 모양32·꽃잎 모양102

별 모양12·꽃잎 모양102·둥근 모양4

꽃잎 모양104 ❶ 위쪽 프릴은 모양깍지의 두꺼운 부분이 아래로 가도록 짠다. ❷ 아래쪽 프릴은 두꺼운 부분이 위로 가도록 짠다. ❸ 가운데는 모양깍지의 두꺼운 부분이 아래로 향하도록 하여 똑바로 짠다.

꽃잎 모양104 모양깍지의 두꺼운 부분을 위로 가도록 손등을 바닥에 붙이고 흰색 라인의 끝 부분이 뜨도록 짠다. 파란색 프릴을 겹치고 그 위에 흰색을 짜서 겹친다.

꽃잎 모양104·별 모양16 간격을 표시한 다음 꽃잎 모양깍지로 프릴을 짜고 그 사이에 작은 산 모양을 짠다. 별 모양으로 프릴 위에 겹치고 수직으로 포인트를 짠다.

꽃잎 모양104 간격을 표시하고 2단으로 짠 다음 그 위에 프릴을 겹친다.

여러 모양깍지를 이용한 베리에이션

한 가지 모양깍지 대신 여러 종류의 모양깍지를 사용하면 다양한 디자인을 즐길 수 있다. 연속적인 모양뿐만 아니라 하나의 그림도 완성할 수도 있어 데커레이션의 포인트가 된다.

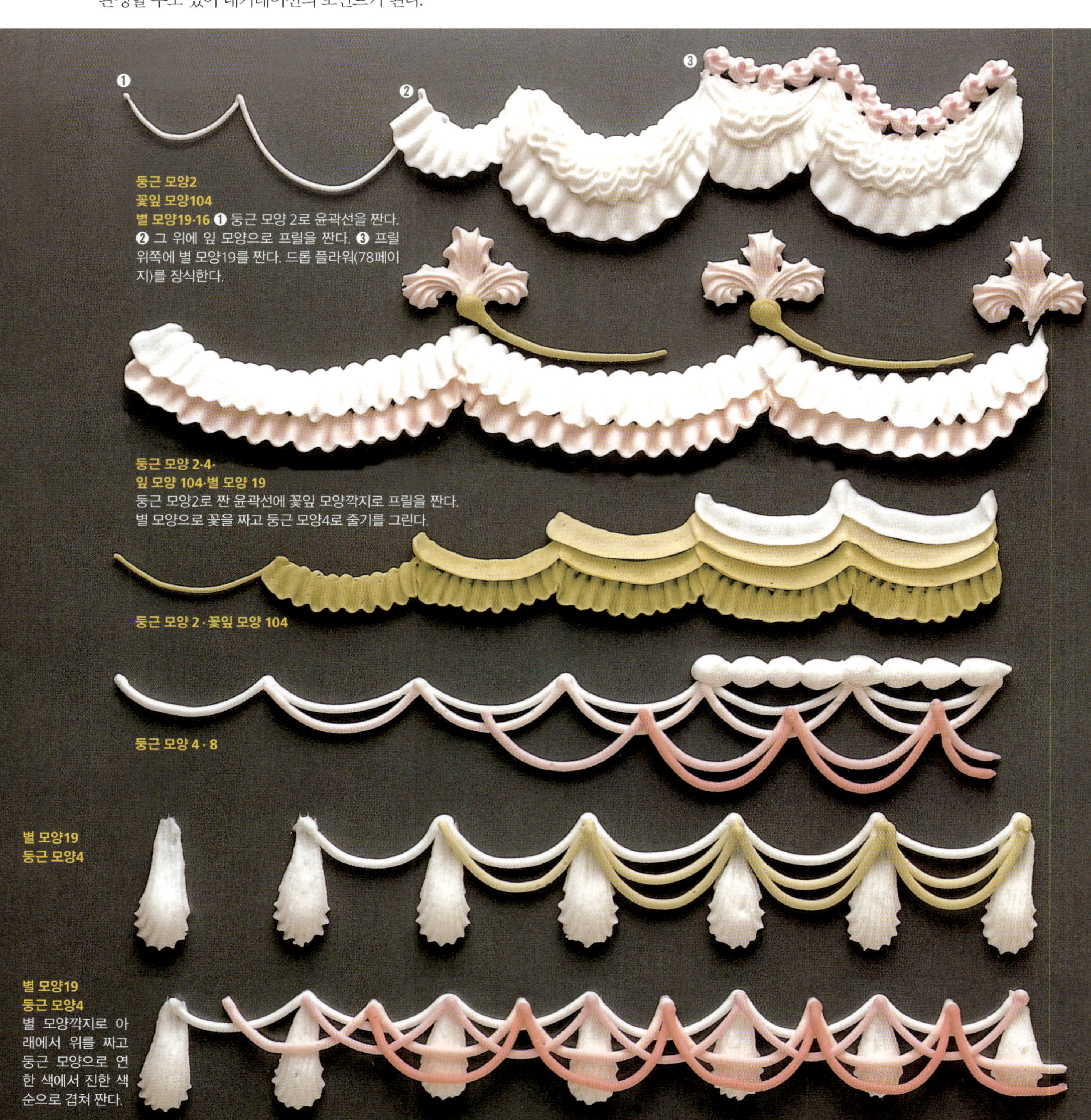

둥근 모양2
꽃잎 모양104
별 모양19·16 ❶ 둥근 모양 2로 윤곽선을 짠다.
❷ 그 위에 잎 모양으로 프릴을 짠다. ❸ 프릴
위쪽에 별 모양19를 짠다. 드롭 플라워(78페이
지)를 장식한다.

둥근 모양 2·4·
잎 모양 104·별 모양 19
둥근 모양2로 짠 윤곽선에 꽃잎 모양깍지로 프릴을 짠다.
별 모양으로 꽃을 짜고 둥근 모양4로 줄기를 그린다.

둥근 모양 2 · 꽃잎 모양 104

둥근 모양 4 · 8

별 모양19
둥근 모양4

별 모양19
둥근 모양4
별 모양깍지로 아
래에서 위를 짜고
둥근 모양으로 연
한 색에서 진한 색
순으로 겹쳐 짠다.

둥근 모양2 · 별 모양16 둥근 모양깍지를 수직으로 해 일정한 간격으로 세로 선을 짠다. 다음 별 모양을 짜고 마지막으로 녹색 선을 짠다.

둥근 모양2 · 별 모양16 등간격을 표시하고 둥근 모양깍지로 윤곽선을 짠다. 조개 모양으로 포인트를 주고 별 모양으로 짠다. 그 위에 핑크색으로 선을 그린다.

둥근 모양2,4 · 별 모양16

둥근 모양2 · 별 모양16 흰색 위에 녹색을 겹친다. 노란색을 78페이지를 참고해서 짠다.

둥근 모양2 · 별 모양16 윤곽선 위에 별 모양으로 짠 다음 둥근 모양으로 격자무늬를 짠다. 별 모양으로 조개를 짜서 정리한다.

둥근 모양2 · 별 모양16 건조된 드롭 플라워(78페이지)를 넣고 격자무늬를 짠다.

둥근 모양2 · 꽃잎 모양104 · 별 모양16

별 모양19,16·둥근 모양2 별 모양19로 둥글게 2단을 짠다. 둥근 깍지로 짠 격자무늬 위에
별 모양16으로 포인트를 준다.

둥근 모양2

별 모양19

둥근 모양4,6,2 · 나뭇잎 모양68

꽃잎 모양104·둥근 모양4
나뭇잎 모양68 꽃잎 모양깍지로
꽃을 만든다. 둥근 모양깍지로 줄기와
꽃받침을 짠다. 짧은 줄기를 짜고 잎을 붙인다.

둥근모양5,2 둥근 모양5로 선을 짜고 둥근 모양깍지2로 덩굴과 꽃을 짠다.

둥근 모양2 세로를 먼저 짜고 가로를 짠다.

둥근 모양5,8·나뭇잎 모양66 둥근 모양5로 토대를 짠다.
둥근 모양8로 꽃을, 나뭇잎 모양으로 잎을 짠다.

별 모양16·둥근 모양4,12,6 · 나뭇잎 모양68

별 모양16·둥근 모양4
별 모양으로 아래에서부터 차례차례
겹쳐 짠다. 둥근 모양깍지로 별 모양을
짜고 은구슬로 장식한다.

나뭇잎 모양68 1 손바닥을 위로 한 채 모양깍지를 30°로 기울여 한 번에 힘을 넣어 짠 다음 힘을 빼고 당기면서 끊는다. **2** 30°로 기울여 짜고 도중 3회 정도 모양깍지를 흔들어준다. **3** 도중에 7회 정도 모양깍지를 빠르게 흔들어 짠다.

둥근 모양4 · 나뭇잎 모양68 둥근 모양깍지로 줄기를 짜고 꽃잎, 꽃받침을 짠다. 나뭇잎 모양으로 잎을 짜고 옆으로 모양깍지를 흔들면서 짜 마무리한다.

둥근 모양4 · 나뭇잎 모양68 · 꽃잎 모양102 둥근 모양깍지로 줄기를 짠다. 나뭇잎 모양깍지를 조금 길게 당기면서 잎을 짜고 아랫부분은 흔들면서 짠다. 꽃잎 모양의 두꺼운 부분을 아래로 한 다음 이삭을 짠다.

나뭇잎 모양66 · 별 모양33 나뭇잎 짜기를 연속으로 짠 다음 그 위에 별 모양 깍지로 겹쳐서 짠다.

나뭇잎 모양68 · 둥근 모양4 바닥과의 각도를 30°가 되도록 기울인 다음 나뭇잎 모양 깍지를 천천히 흔들면서 활 모양을 그리듯이 짠다. 둥근 모양 4로 겹쳐지게 짠다.

나뭇잎 모양66 바닥과의 각도가 30°가 되게 기울인 다음 똑바로 짠다. 도중 2번 씩 모양깍지를 앞으로 당겨 주름을 만든다.

나뭇잎 모양66 나뭇잎 모양깍지로 오른쪽 위를 향해 짠 다음 오른쪽 아래로 짜서 끊는다. 이것을 연속으로 짜 문양을 만든다.

데커레이션 테크닉

Cake Decoration Technique

Chapter 02

다양한 짜기 테크닉

버터크림 / 생크림 / 머랭
로열 아이싱 / 런아웃 아이싱
글씨 짜기 / 선 긋기 / 레이스 워크
드롭 플라워 / 격자무늬
평면에 짜는 꽃 / T네일 꽃 짜기 / Y네일 꽃 짜기

버터크림 *Buttercream*

착색해서 사용하는 경우 버터크림은 생크림에 비해 쉽게 분리되지 않아 데커레이션에 적당하며 가늘고 깨끗하게 짜진다. 실내 온도가 높으면 녹아서 사용하기 어려우므로 차게 식혀가며 짠다.

버터크림 만드는 법

재료(버터 200g분)
버터 200g
└ 설탕 60g
└ 물 25cc
노른자 2개분
양주(브랜디) 적당량
바닐라에센스(기호에 따라) 소량

버터가 하얀색이 될 때까지 섞는다.

냄비에 물과 설탕을 넣고 불에 올려, 전체가 끓으면 약 10초 정도 두었다가 불에서 내린다.

노른자를 풀어서 뜨거운 ②를 조금씩 넣어가며 하얗고 걸쭉해질 때까지 거품을 낸다.

휘핑한 버터에 ③을 넣고 섞는다.

양주, 기호에 따라 바닐라에센스를 섞어 향을 더한다.

물에 녹인 색소를 조금씩 넣어가며 섞는다.

Tip. 시럽 만드는 법

시럽은 설탕과 물을 섞고 녹여 만든다. 로열아이싱이나 버터크림 등은 설탕과 물을 2:1의 비율로 섞어 끓인 것을 사용한다. 스펀지 케이크 등에 단맛을 내기 위해 시럽을 바를 때는 설탕과 물을 1:2의 비율로 녹인 것에 기호에 따라 양주를 넣어 향을 낸다. 양주는 키르슈나 브랜디 등 만드는 과자에 맞게 선택한다.

미니장미

1

꽃잎을 짤 때 손목은 펜으로 채점 동그라미를 그리듯 스냅을 줘서 돌린다.

2

총 3장의 꽃을 짠다

나뭇잎

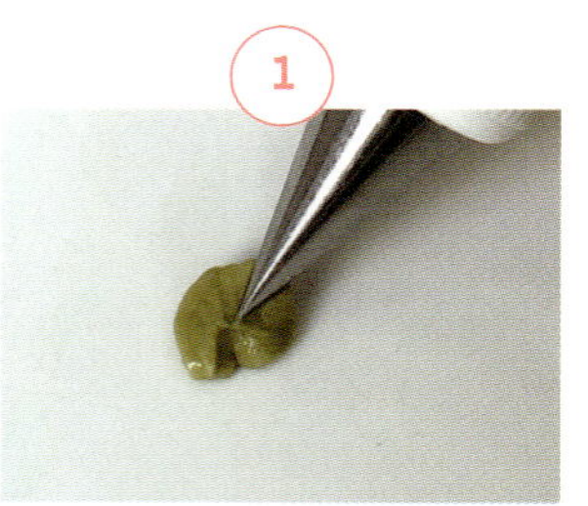

1

좌우에 잔주름을 넣으면서 가운데 부분에서 바깥쪽으로 움직이면서 짠다.

2

끝으로 갈수록 폭이 좁아지는 나뭇잎 모양으로 짠다.

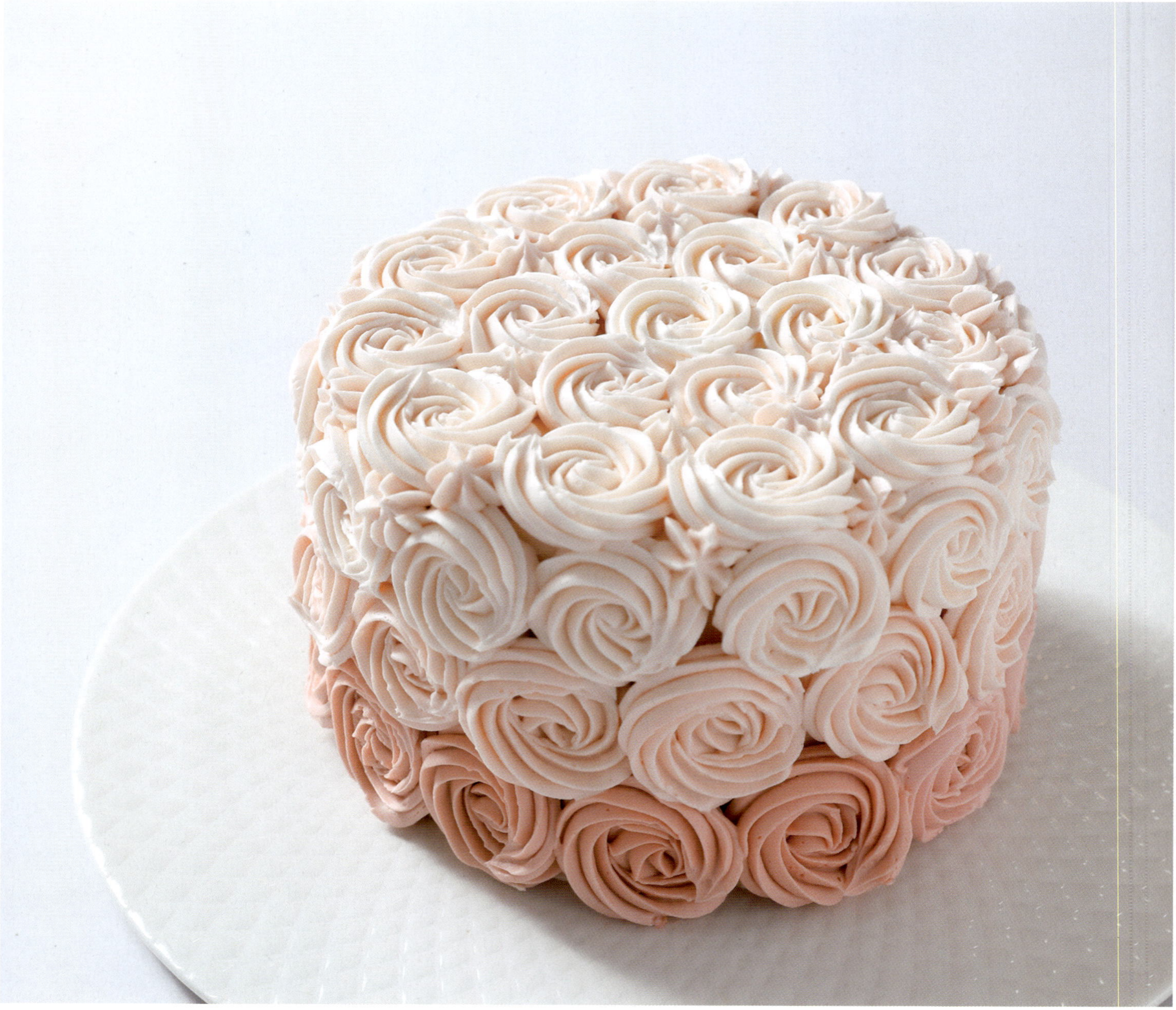

큰장미

1

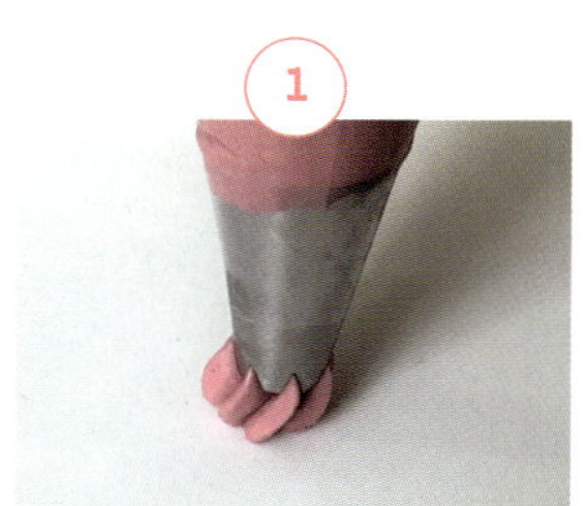

별 모양깍지를 끼운 짤주머니를 수직이 되도록 세운다.

2

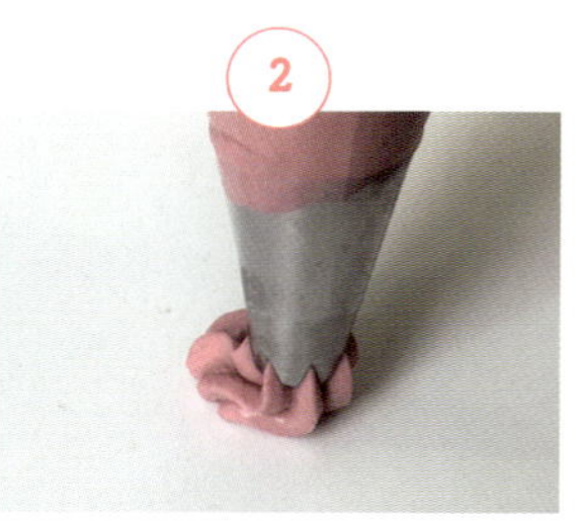

중앙에 가볍게 짜고 6시 방향으로 움직인다.

3

일정한 힘을 가하면서 시계방향으로 움직이면서 짠다.

4

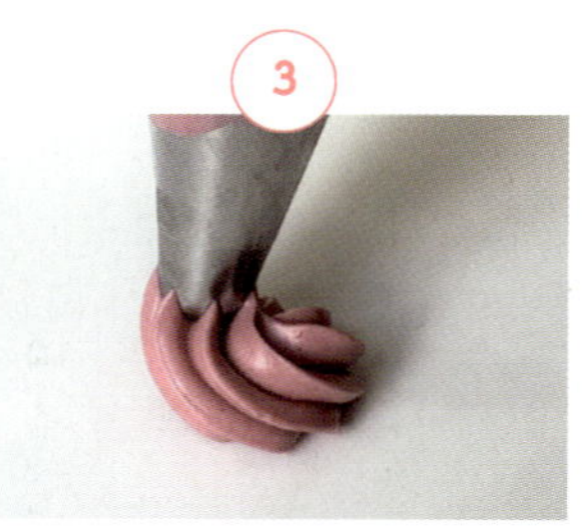

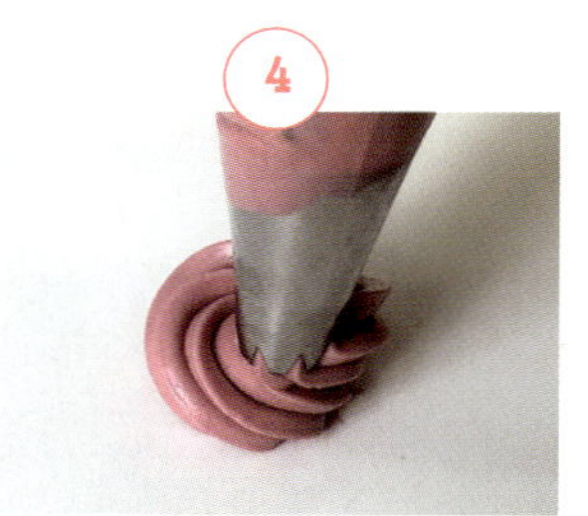

한 바퀴 돌린 뒤 중앙에서 마무리한다.

생크림 *Fresh Cream*

데커레이션에 쓰이는 생크림은 대부분이 식물성이다. 동물성 크림이나 콤파운드 크림에 비해 안정성, 보형성이 뛰어나 다양한
기법을 연출해 낼 수 있기 때문이다.

기본 꾸미기

별 모양깍지와 나뭇잎 모양깍지로
옆면의 위아래를 데커레이션했다.

모서리 부분을 둥글게 마무리 한 다음
밑면은 나뭇잎 모양깍지를 사용했다.

물결무늬 깍지로 옆면을
부드럽게 꾸몄다.

꽃잎 모양깍지로 레이스 모양을 보기 좋게 짰다.

꽃잎 모양깍지와 별 모양깍지로
옆면의 위아래를 깔끔하게 데커레이션 했다.

데커레이션용 생크림 준비

생크림으로 데커레이션을 잘 하려면 생크림을 짜기에 알맞은 상태로 휘핑할 줄 알아야 한다. 생크림은 5℃ 정도의 냉장고에서
7시간 이상 보관된 것을 사용한다. 처음 1~2분은 저속으로 젓다가 고속으로 올려 단단한 크림을 만든다. 만약 냉동된 크림을 사
용하려면 사용하기 전에 해동시켜 ⅓정도 언 상태의 크림을 처음부터 고속으로 휘핑하면 된다.
휘핑한 생크림은 볼에 옮겨 얼음물에 담가 두거나 냉장고에 넣어 두고 필요한 만큼 덜어 쓴다. 크림이 단단하다고 생각되면 휘핑
전의 크림을 섞어 용도에 따라 조절해 쓴다. 여름철에는 작업장 온도가 높아 크림이 쉽게 퍼지므로 실내 온도는 25℃ 이하를 유
지하는 것이 좋다.

데커레이션용 생크림 종류와 특징

구분	유크림(동물성 크림)	식물성 크림	콤파운드 크림
내용	우유지방에서 분리한 황백색 크림	콩이나 팜유, 코코넛유 등에서 분리한 크림	동물성 지방+식물성 지방을 혼합한 크림
장점	천연크림 특유의 부드러운 풍미	보형성, 안정성, 작업의 간편성	동물성 크림의 단점보완(유화제, 안정제)
단점	유지방 구조 자체가 약해 크림이 거칠어지기 쉽고 보형성이 약하다.	유크림의 부드러운 맛이 부족하고 구용성이 좋지 않다.	구용성이 떨어지며 유크림 단점 보완의 근본적 해결책이 안 된다.
유통기한	냉장 5일	냉장 또는 냉동 6주~1년	냉장 6주 내외

백합 Lily

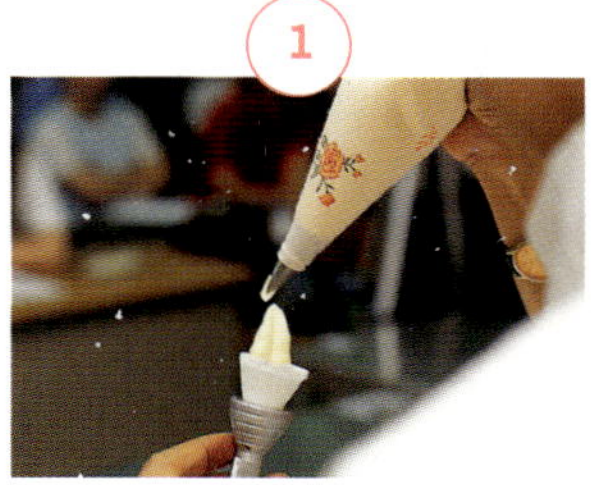

와플콘(타피오카와 쌀전분으로 만든 콘 모양의 심)에 나뭇잎 모양깍지로 길쭉한 꽃잎을 짠다.

와플콘을 돌려가며 균일하게 5장의 꽃잎을 짠다.

여러 송이의 백합을 짠 다음 보기 좋게 배열한다.

에어브러시로 꽃 중앙에 주황색을 분사한다.

초콜릿 페이스트로 점 모양을 찍는다.

생크림으로 꽃술을 짠다.

녹색 생크림으로 잎을 짠다.

1 꽃잎모양깍지로 동그란 심을 짠다.

2 손의 진동으로 주름을 만들면서 나비와 같은 모양의 꽃잎을 만든다.

3 데커레이션 한 케이크 위에 짠 꽃을 올린다.

4 꽃 중앙에 노란색 에어브러시를 분사한다.

5 꽃잎 끝부분에 생크림을 가늘게 짠다.

6 뾰족하게 꽃술을 짠다.

7 초콜릿 페이스트를 꽃술 끝부분에 짠다.

8 녹색 생크림으로 잎을 짠다.

오키스 Orchis

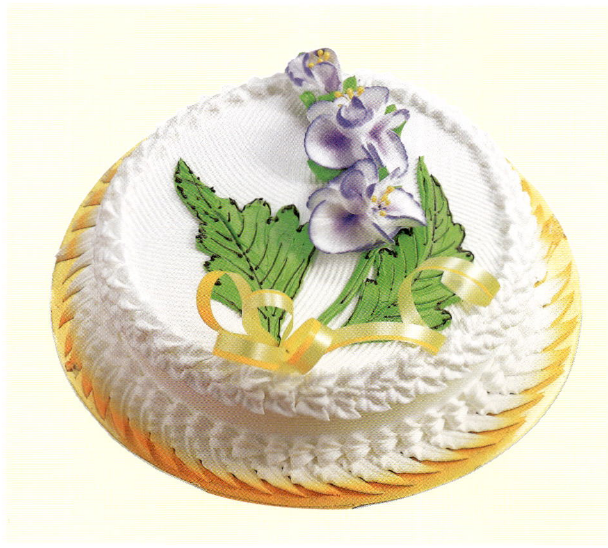

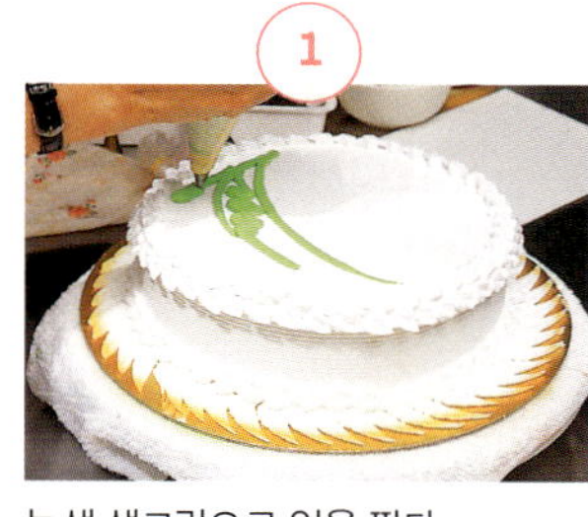

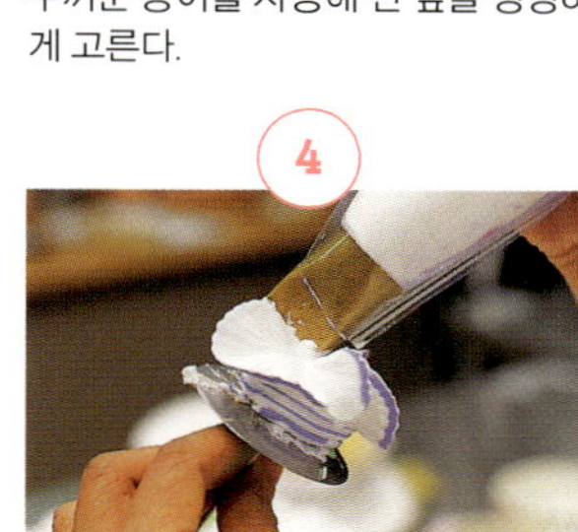

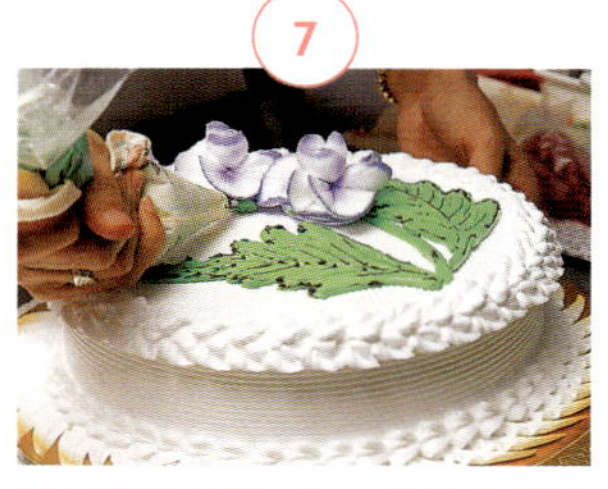

1

녹색 생크림으로 잎을 짠다.

2

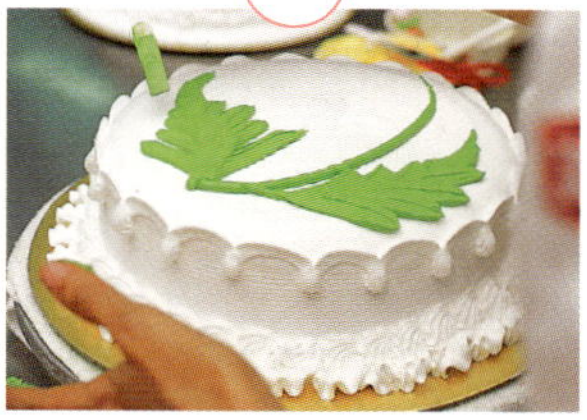

두꺼운 종이를 사용해 짠 잎을 평평하게 고른다.

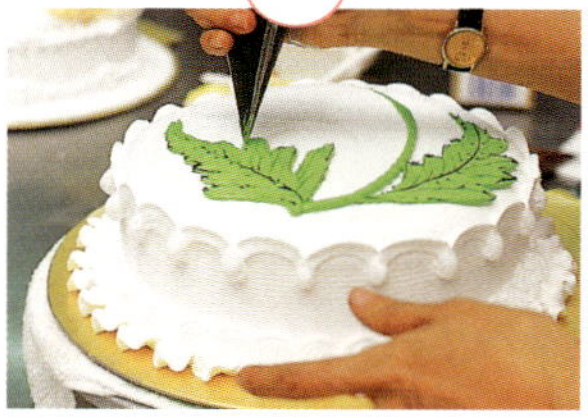

3

초콜릿 페이스트로 잎맥을 그린다.

4

짤주머니에 흰색과 보라색의 생크림을 나누어 넣고 둥글게 심을 짠 다음 주름을 만들면서 꽃잎을 짠다. 이때 꽃잎의 끝부분에 보라색이 오도록 짜야 한다.

5

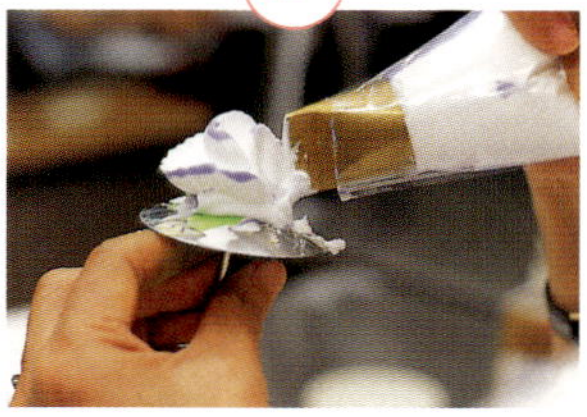

작은 꽃은 심 없이 꽃잎만을 짠다.

6

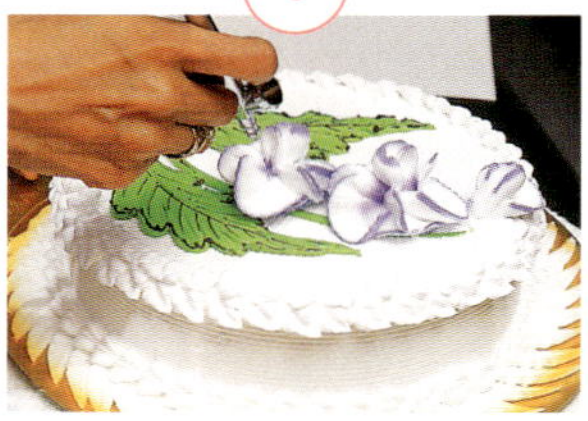

꽃 중앙에 보라색 에어브러시를 분사한다.

7

꽃 주위에 잎을 짜고 리본으로 장식한다.

베트남 플라워 Vietnamese Flower

1

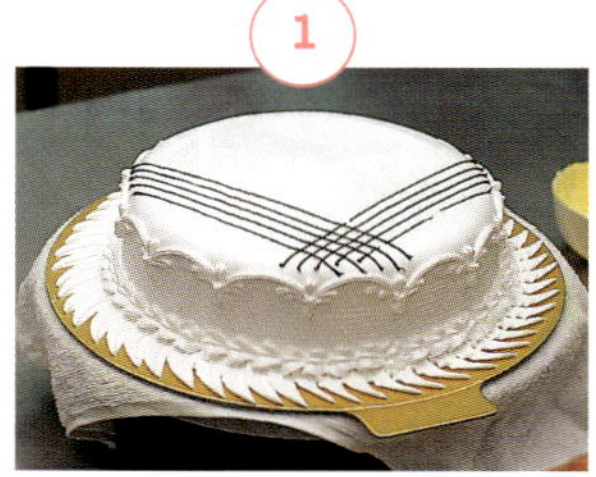

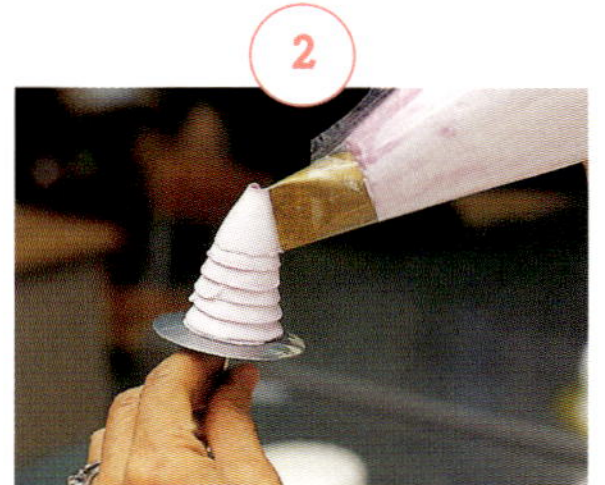

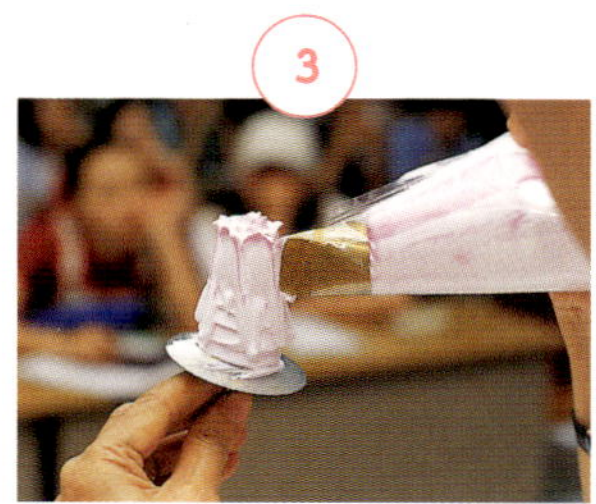

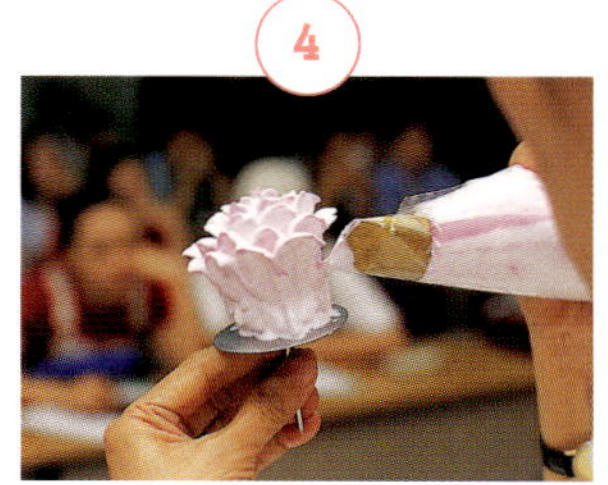

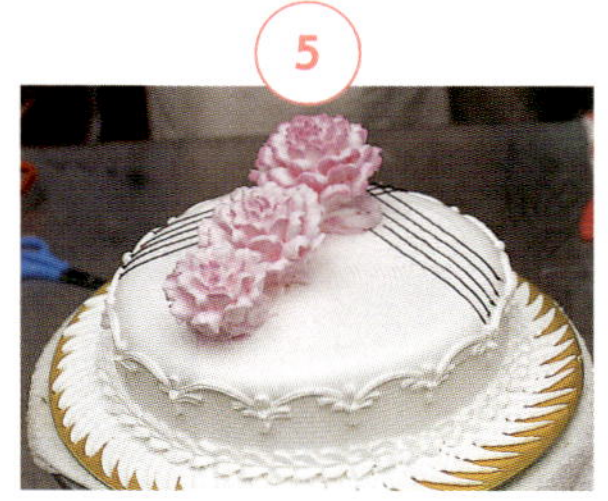

데커레이션 한 케이크 위에 초콜릿 페이스트로 선을 그린다.

2

핑크색 생크림으로 여러 겹의 심을 짠다.

3

깍지를 아래에서 위로 올리며 꽃잎을 짠다.

4

같은 방법으로 조금씩 아랫부분으로 내려오면서 꽃잎을 짜면 입체감 있는 꽃을 짤 수 있다.

5

꽃을 짜서 가지런히 배열한다.

6

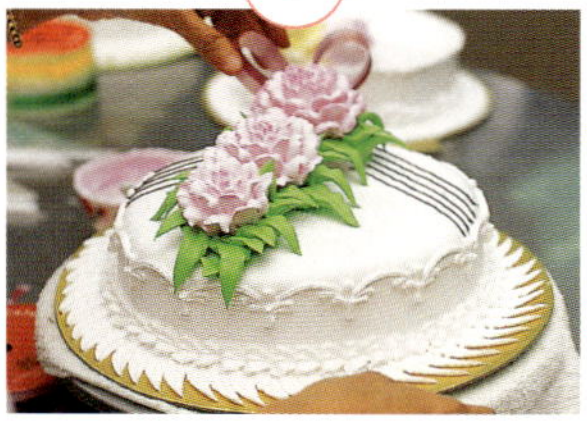

잎을 짜고 리본으로 장식해 완성한다.

1. 꽃잎 모양깍지를 사용해 노란색 생크림으로 여러 겹의 꽃심을 짠다.

2. 꽃잎을 짜서 데커레이션 한 케이크 위에 올린 다음 꽃 중앙에 주황색 에어브러시를 분사한다. 초콜릿 페이스트로 둘레를 장식한다.

3. 녹색 생크림으로 잎을 짜고 리본으로 장식한다.

데이지 Daisy

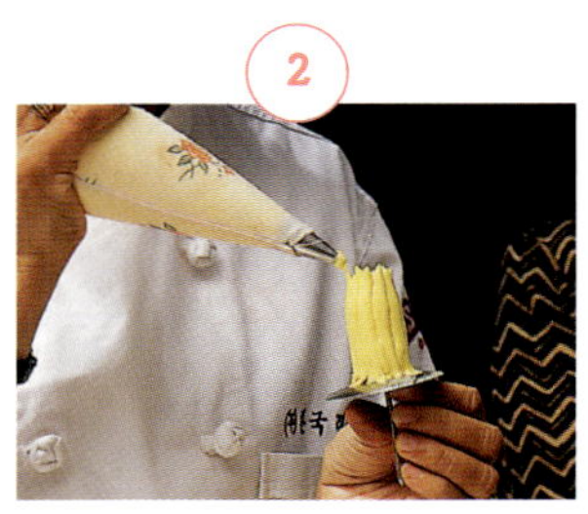

1. 데커레이션 한 케이크 위에 주황색 에어브러시를 분사한다.

2. T네일 위에 길쭉하게 심을 만든 다음 같은 방법으로 조금씩 벌려가며 꽃잎을 짠다. 이 때 생크림은 조금 단단해야 모양을 만들기 좋다.

3. 녹색 생크림으로 잎을 짜고 리본으로 장식한다.

강아지 Puppy

녹색 생크림을 짜서 숟가락 등으로 평평하게 한다.

군데군데 갈색으로 흙을 표현해 준다.

조금 부드럽게 만든 생크림으로 원형 깍지를 깊숙이 넣어 크림을 밀어내듯이 몸통을 짠 다음 팔, 다리를 짠다.

초콜릿 페이스트로 눈을 그린다.

가늘게 자른 종이를 이용해 초콜릿 페이스트로 강아지의 점무늬를 찍는다.

녹색 생크림으로 케이크 아랫부분에 풀을 짠다.

강아지 주변에도 풀을 짠다.

옆면에 노란색 생크림으로 병아리를 짠다.

머랭 *Meringue*

머랭의 제조원리

달걀에서 흰자만을 분리해 빠른 속도로 휘핑하면 새하얗게 부풀어 오른 상태가 된다. 이와 같은 기포성은 흰자에 함유되어 있는 단백질 때문이다. 흰자에 함유되어 있는 단백질이 수분의 표면장력을 약화시켜 흰자 거품이 쉽게 일어나게 되는 것이다. 이것은 비눗물을 휘저으면 거품이 생기는 것과 같은 이치이다.
여기서 설탕은 단맛을 내는 것 이외에 거품 표면의 건조를 방지하고 거품 상태를 유지해 머랭의 안정성을 높이는 역할을 한다. 그러나 흰자의 단백질이 거품을 만드는 기능을 억제하는 역할도 하기 때문에 설탕량이 너무 많아지면 오히려 기포성이 떨어지기도 한다.

머랭의 종류

머랭의 종류는 크게 흰자와 설탕을 그대로 사용해 만드는 프렌치 머랭(French Meringue), 흰자와 설탕을 적정 온도로 가열해 만드는 스위스 머랭(Swiss Meringue), 그리고 시럽을 끓여 넣어 만드는 이탈리안 머랭(Italian Meringue)으로 나눌 수 있다.
이들은 배합에도 조금씩 차이가 있는데 스위스 머랭이 프렌치 머랭보다 설탕을 더 많이 필요로 하며, 시럽이 들어가는 이탈리안 머랭은 당연히 물이 필요하다. 용도 또한 각기 다른데 프렌치 머랭은 바슈랭(Vacherin)이나 셸(Shell) 등에 사용되고, 스위스 머랭은 장식이나 세공용으로 쓰인다. 그리고 이탈리안 머랭은 크림류나 무스 케이크와 같이 굽지 않는 케이크류에 사용하며 때때로 머랭 그대로 사용하기도 한다.

에델바이스 짜기 · 꽃잎 모양깍지 사용

머랭에 빨간색 색소와 파란색 색소를 넣어 보라색 머랭을 만든다. 장미 모양 깍지를 끼운 짤주머니에 보라색 머랭과 흰색 머랭을 채운다.

정사각형 모양으로 자른 종이 위에 에델바이스꽃 모양을 짠다.

※ 처음에는 보라색 머랭만 짜지지만 차츰 두 가지 색이 나란히 띠 모양을 이루며 짜진다. 짜지는 모양을 봐가면서 모양깍지의 위치를 조절한다.

②의 한가운데에 노란색 머랭으로 꽃술을 짠 후 철판 위에 나란히 늘어놓아 말린다.

장미꽃 짜기 · 꽃잎 모양깍지 사용

T네일 위에 둥근 모양깍지를 이용해 흰 머랭을 짜 꽃심을 만든다.

머랭에 색소를 넣어 분홍색 머랭을 만든다.

분홍색 머랭과 흰색 머랭을 함께 장미 모양깍지를 끼운 짤주머니에 채운다.

①에 장미꽃 모양을 짠다.

※ 처음에는 분홍색 머랭만 짜지지만 차츰 두 가지 색이 나란히 띠 모양을 이루며 짜진다. 짜지는 모양을 봐가면서 모양깍지의 위치를 조절한다.

가위로 심지 부분을 잘라 철판 위에 나란히 늘어놓는다.

Tip. 머랭 만드는 법

프렌치 머랭

배합 흰자 100g 설탕 200g

1. 흰자에 설탕 40~50g 정도를 섞어서 천천히 풀어 거품을 내기 시작한다.
2. 거품이 조금 생기면 서서히 힘을 주어 휘핑을 계속해 60% 정도의 거품을 일으킨다.
3. 나머지 설탕을 여러 번 나누어 넣으며 휘핑을 계속해 단단하고 새하얀 머랭을 만든다.

스위스 머랭

배합 흰자 100g 설탕 180g 슈거파우더 30g

1. 흰자와 설탕을 55~60℃로 중탕하면서 휘핑한다.
2. 슈거파우더를 넣고 100% 휘핑한다. ※ 슈거파우더를 넣지 않으면 꽃을 짠 후에도 꽃이 굳지 않는다.
3. 거품기로 퍼 올렸을 때 끝이 뾰족하게 휘는 상태가 적당하다.

로열 아이싱 *Royal Icing*

짤주머니에 로열 아이싱을 담아 짜서 만드는 장식물이다. 상당한 연습이 필요한 데커레이션 기법이지만 기본이 되는 동물이나 꽃 등에 익숙해지면 표현할 수 있는 폭이 넓어진다. 로열 아이싱으로 아트 파이핑이 능숙해지면 머랭이나 생크림 등으로도 동물 짜기 같은 입체적인 짜기가 가능해 진다.

• 실연 : 박찬회 명장

미니장미 짜기

미니장미는 꽃잎 모양깍지로 간단하게 짤 수 있는 꽃 중 하나이다. 특히 케이크의 옆면 장식에 많이 활용된다. 꽃잎 끝부분에 색깔을 넣어 포인트를 주는 것도 좋다.

장미 짜기

꽃 짜기에서 가장 기본이 되는 것이 장미이다. 초보자일 경우 또는 꽃을 안정감 있게 짜고 싶을 경우 심 위에 꽃잎을 짜지만 로열 아이싱이나 머랭이 단단할 경우 심이 꼭 필요한 것은 아니다. 꽃잎은 심(꽃잎 1장)을 제외하고 3·5겹 또는 3·6겹으로 짜는 것이 기본으로 이렇게 짜면 가장 균형 잡힌 장미를 짤 수 있다.

완성된 장미

오리 짜기

오리의 몸통과 얼굴은 둥근 모양깍지를 사용하고 날개와 다리, 부리는 나뭇잎 모양깍지를 사용한다. 날개는 마지막 끝부분을 들어올려 위로 솟은 듯한 느낌으로 짜는 것이 입체감을 내는 요령이다. 부리는 아랫부분을 먼저 짠 다음 윗부분으로 아랫부분을 덮듯이, 크고 얼굴 깊숙하게 짜는 것이 부리가 강조되어 귀여워 보인다.

사슴 짜기

사슴 짜기에서 가장 중요한 부분은 몸통과 뒷다리가 이어진 곳이다. 안쪽 다리를 먼저 짠 다음 곡선을 이용해 목, 몸통과 뒷다리를 매끄럽게 한 번에 짜서 율동감을 부여한다. 몸통은 둥근 모양깍지, 귀는 나뭇잎 모양깍지를 사용한다.

강아지 모양 짜기

강아지 몸통과 귀는 별 모양깍지, 나머지 부분은 둥근 모양깍지를 사용한다.

몸통은 앉아있는 듯한 모양으로 뒤에서 앞으로 볼륨감 있게 짜는 것이 좋다. 얼굴은 둥근 모양깍지로 최대한 동그랗게 짠 다음 짤주머니를 힘 있고 짧게 감아 빼면 짠 자국이 남지 않으면서 동그란 모양을 그대로 유지할 수 있다. 귀는 별 모양깍지로 아래에서 위로 짜준다. 꼬리 부분도 아래에서 위로 짜지만 끝부분을 세워 꼬리를 흔들고 있는 느낌이 들게 한다.

서 있는 강아지를 짜는 경우에는 몸통 부분을 먼저 짜서 건조시킨 다음 그 위에 머리를 짜는 것이 좋다. 몸통이 마르지 않은 상태에서 머리를 짜게 되면 머리 무게로 인해 전체가 옆으로 기울거나 쉽게 무너진다. 입과 눈의 모양으로도 분위기가 달라지므로 세심한 주의가 필요하다. 또한 귀는 몸통보다 조금 더 진한 색상을 사용해 전체적으로 색상의 변화를 주는 것이 좋다.

강아지는 최대한 귀여운 모양으로 짠다. 색상도 핑크, 연노랑 등 밝은 것을 사용한다.

코끼리 짜기

코끼리는 귀를 제외한 모든 부분을 둥근 모양깍지만으로 짤 수 있다. 코가 달린 머리 부분이 무거기 때문에 몸통은 미리 짜서 건조시켜 두는 것이 좋다. 코끼리는 코 부분이 가장 중요한데, 먼저 얼굴 속에 모양깍지의 끝부분을 ⅓정도 넣어 앞으로 잡아당기듯이 짜주면 이음새 없는 매끄러운 코가 만들어진다. 귀는 꽃잎 모양깍지를 사용한다.

곰 짜기

곰은 눈과 귀 등을 직접 짜기보다는 마지팬으로 만들어 붙이는 것이 훨씬 자연스럽다. 또는 머랭으로 미리 짜서 건조시킨 부분을 꽂기도 한다.

미리 짜서 건조시킨 귀 부분

병아리 짜기

둥근 모양깍지로 짜는 코끼리, 곰, 병아리 등의 몸통 또는 머리 부분은 간단해 보이지만 한 번에 매끄럽고 둥글게 짜내야 하기 때문에 짤주머니의 강약 조절이 필요하다. 병아리의 날개는 나뭇잎 모양깍지를 사용해 앞쪽에서 뒤쪽으로 각각 한 날개씩만 짜고 부리도 나뭇잎 모양깍지를 사용해 아래, 위로 생동감 있게 짠다. 모자는 둥근 모양깍지로 점을 찍듯이 살짝 누르면서 짤주머니를 떼어내 만든다. 특히 병아리는 귀여움을 강조하기 위해 화사하고 다양한 색상을 사용하는 것이 좋다.

병아리 눈은 흰색 부분 없이 바로 검은 동자만을 짠다.
모자는 조금 부드러운 듯한 상태의 아이싱이 자연스럽
게 잘 짜진다.

천사 짜기

모양 짜기에서 가장 어려운 것이 사람이다.
움직임과 얼굴 표정 등이 매우 까다롭기 때
문이다. 천사는 사슴과 마찬가지로 목과 몸
통, 다리를 한꺼번에 이어서 짜야 한다. 한
쪽 다리 위에 다음 다리가 겹치게끔 짜고
손도 두 손이 겹쳐지게 짜는 것이 좋다. 머
리카락과 날개는 둥근 모양깍지로 섬세하
게 표현한다.

산타클로스 짜기

산타클로스는 턱수염과 콧수염이 생명이다. 먼저 원을 그리고 물결 모양깍지로 턱
수염을 짠 다음 짤주머니의 힘을 빼면서 모양깍지를 살짝 들어올리면 끝이 뾰족해
진다. 얼굴은 둥근 모양깍지로 상하를 뒤집어 공간을 메우는 식으로 볼록하게 짠다.
콧수염도 끝을 올려준다. 얼굴만 장식하기도 하지만 몸통을 짜서 그 위에 올리면 더
욱 입체감이 난다.

런아웃 아이싱 *Run-out Icing*

런아웃 아이싱은 로열 아이싱처럼 볼륨감은 나지 않지만 자수를 놓은 듯 선명하면서도 광택이 난다. 케이크의 표면에 직접 아이싱을 채워 넣는 방법과 유산지에서 건조시켜 케이크에 입체적으로 장식하는 방법이 있다.

런아웃 아이싱 짜기

밑그림을 그린 다음 밑그림을 따라 색깔별로 로열 아이싱으로 선을 긋는다. 마르면 런아웃 아이싱으로 채운다.
• 모양깍지는 모두 둥근 모양2

다양한 런아웃 아이싱

데커레이션 반죽에 밑그림을 그리고
색깔별로 로열 아이싱으로 선을 긋는다.
마르면 런아웃 아이싱을 채운다.
• 모양깍지는 모두 둥근 모양1

글씨 짜기 *Lettering Technique*

데커레이션 케이크는 마무리로 문자를 짜 넣음으로써 비로소 완성된다. 케이크 전체 분위기에 맞는 글씨체를 선택하고 볼륨을
내기 위해 겹쳐서 짜거나 여러 색깔을 이용하는 등 짜기에 강약을 준다.

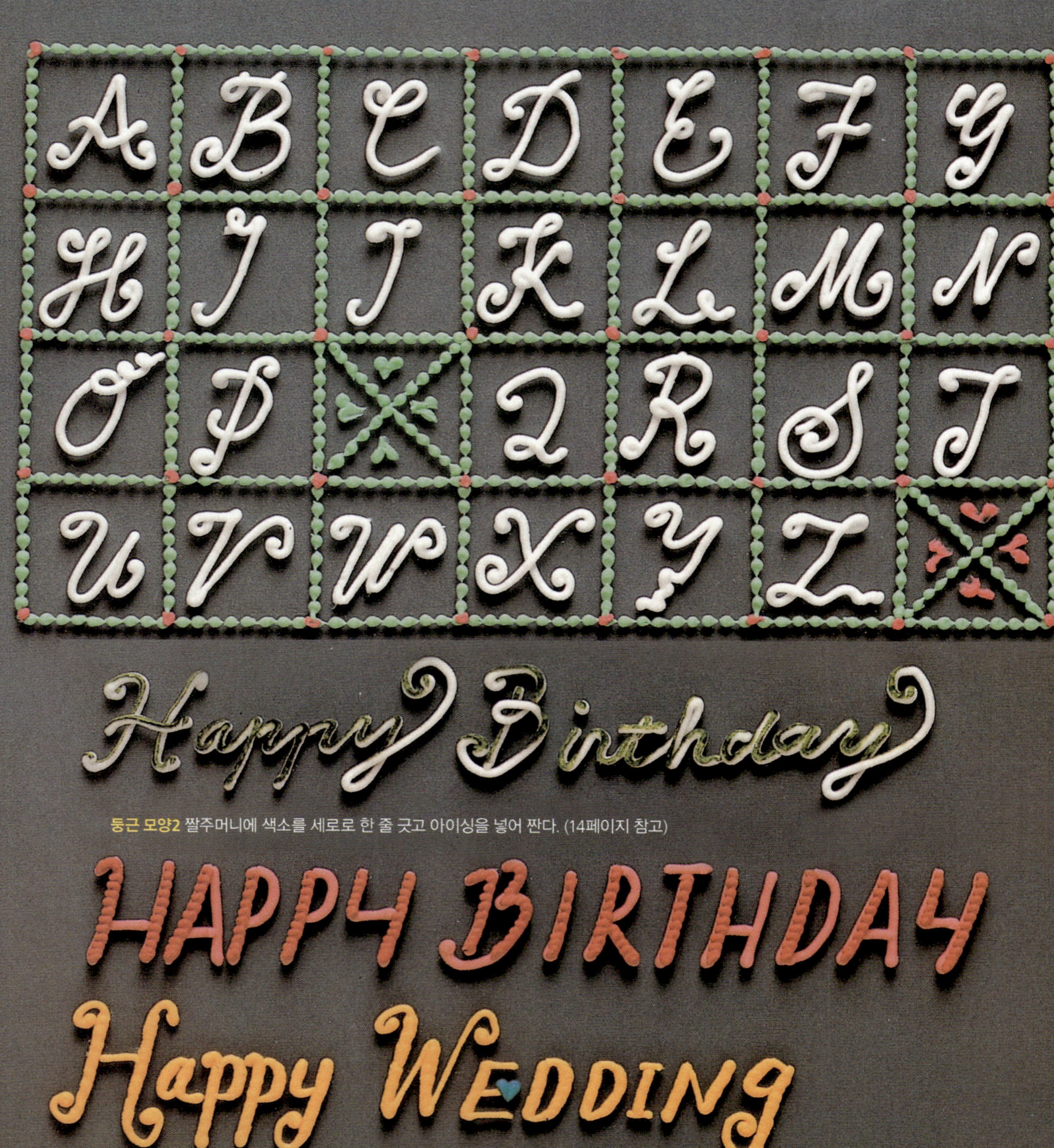

둥근 모양2 짤주머니에 색소를 세로로 한 줄 긋고 아이싱을 넣어 짠다. (14페이지 참고)

둥근 모양3·2
Merry Christmas
둥근 모양깍지3으로 문자를 쓰고
둥근 모양깍지2로 그 위에 겹쳐서 짠다.
둥근 모양2
MERRY XMAS
NOËL
문자를 쓰고 세로선 부분에 사선을 좌우로
번갈아 가며 짜 'ㅅ' 모양이 나도록 겹친다.
둥근 모양3
Happy new year
둥근 모양3
St. Valentine
둥근 모양2
Love
둥근 모양3·2
ALL MY LOVE
둥근 모양깍지3으로 문자를 쓰고
둥근 모양깍지2로 부분적인 선을 짜 마무리한다.
둥근 모양3
Bon Voyage
PAQUES
둥근 모양2
To Mother
MAMA
둥근 모양2
Anniversary
둥근 모양2
CONGRATUCATIONS
연속 조개 모양으로 쓴 문자

선 긋기 *Fine Line Technique*

모양깍지의 굵기를 변화시키면 섬세함이나 힘의 강약이 연출되므로 특징 있는 디자인이 나온다. 입구가 좁은 모양깍지로 가는 선 긋기를 연속으로하면 다른 디자인을 방해하지 않으면서 케이크를 전체적으로 정리시키는 효과가 있다.

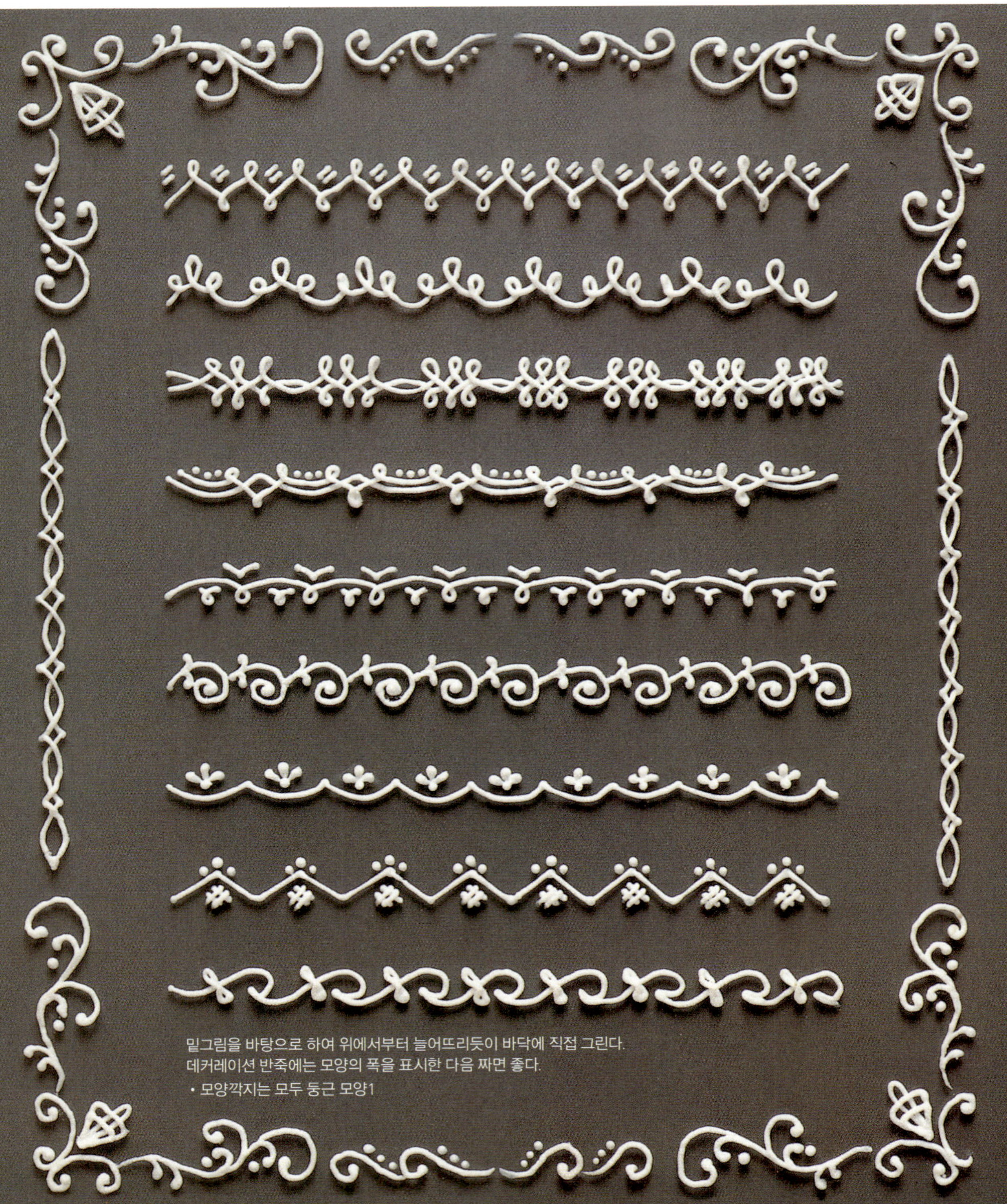

밑그림을 바탕으로 하여 위에서부터 늘어뜨리듯이 바닥에 직접 그린다.
데커레이션 반죽에는 모양의 폭을 표시한 다음 짜면 좋다.
• 모양깍지는 모두 둥근 모양1

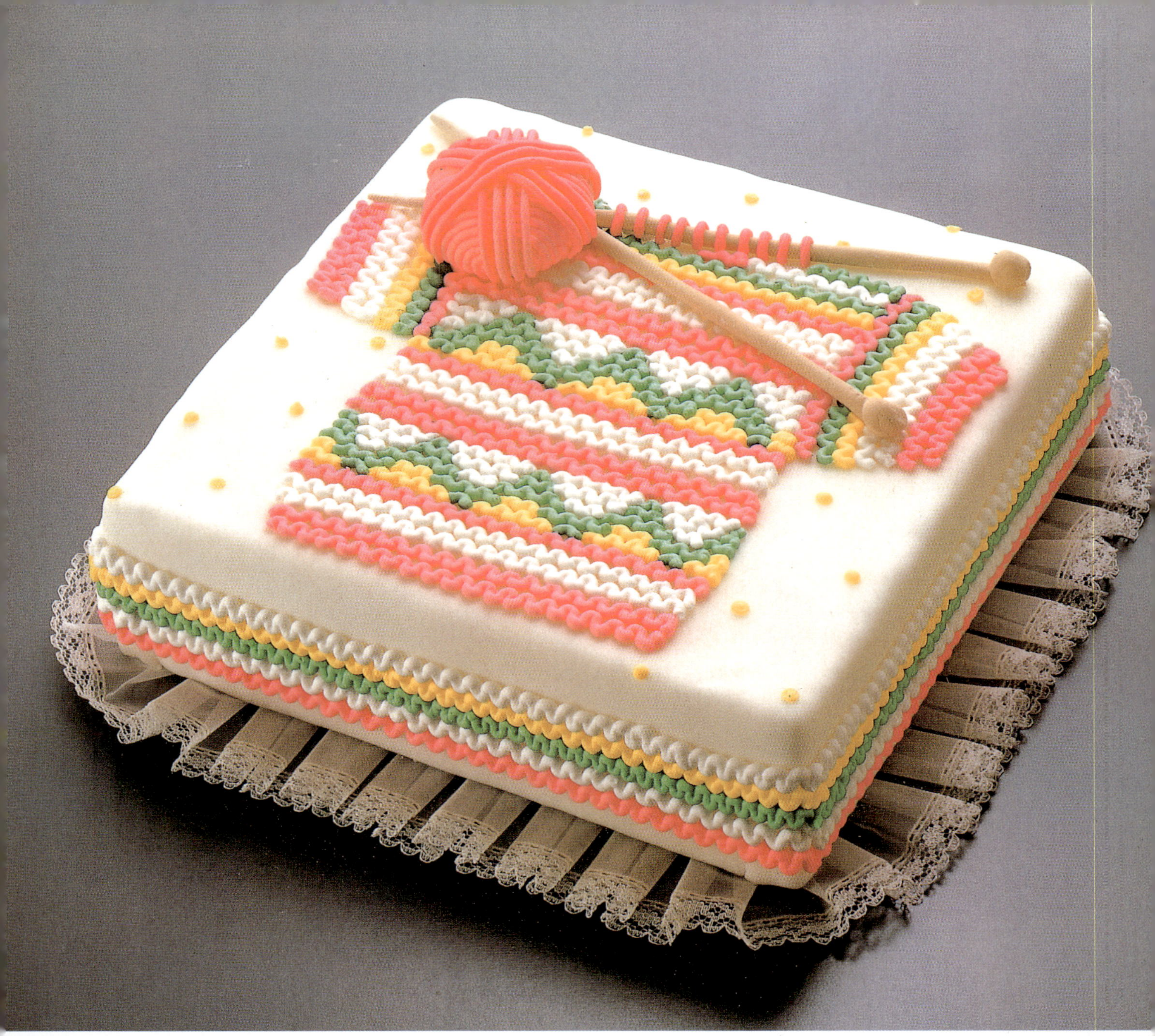

선 긋기의 짜기 · 모양깍지는 모두 둥근 모양5

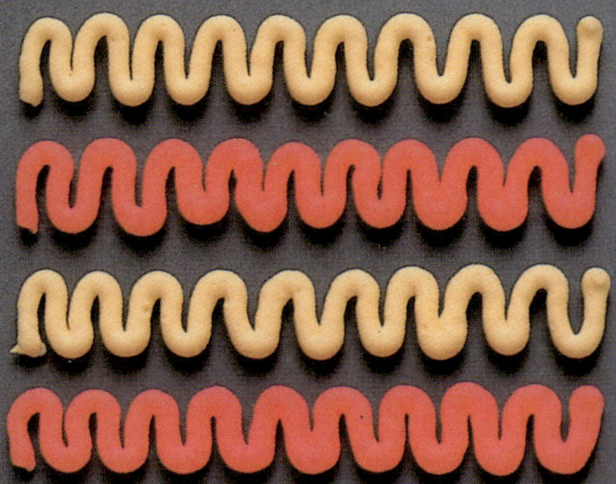

① 손바닥을 위로 한 다음 모양깍지를 눕혀 커브를 그리듯이 로열 아이싱을 짠다.
② 검 페이스트로 반원을 만들고 그 위에 빈틈없이 가로로 짠다.

다양한 선 긋기　· 모양깍지는 모두 둥근 모양1

레이스 워크 *Lace Work*

선 긋기를 보다 섬세하게 짜는 테크닉이다. 아이싱을 유산지에 건조시켜 떼어낸 다음 케이크에 입체적으로 장식한다. 도안에 따라 망사 위에 직접 짤 수도 있다. 마치 레이스를 엮어 놓은 듯한 우아한 선을 연출한다.

망사를 짤라 블라우스를 만든다. 스커트는 실로 주름을 잡아 모양을 만든다. 레이스 위에 아이싱으로 선을 짜서 건조시킨다.

• 모양깍지는 모두 둥근 모양2

코르크 위에 밑그림을 놓고 망사를 올려 핀으로 고정시킨다. 밑그림을 따라 아이싱으로 선을 짜고 완전히 마르면 여분의 레이스를 가위로 자른다. 나비는 밑그림에 따라 로열 아이싱으로 선을 긋고 런아웃 아이싱으로 채운다.(19페이지 참고) 여분의 레이스는 자른다. 몸통 부분은 검 페이스트로 모양을 만든다.

두꺼운 종이에 밑그림과 유산지를 겹쳐
고정시킨다. 페이퍼 위에 밑그림을 따라
아이싱으로 선긋기를 한다. 완전히 마
르면 페이퍼에서 천천히 떼어낸다.
• 모양깍지는 모두 둥근 모양 1

드롭 플라워 *Drop Flower*

별 모양깍지의 모양을 살려서 간단하게 꽃을 짜는 테크닉이다. 손목을 돌려 짜면 모양이 변한다. 유산지에 짠 다음 건조시켜서 보존한다. 단순한 짜기지만 다양한 색깔을 사용하거나 변형시키면 화려해진다.

드롭 플라워 짜기

작업대에 로열 아이싱을 약간 짜서 유산지를 고정시킨다.

손목을 90°로 돌려 별 모양깍지21을 수직으로 종이에 댄다. 짜면서 손목을 푼다.

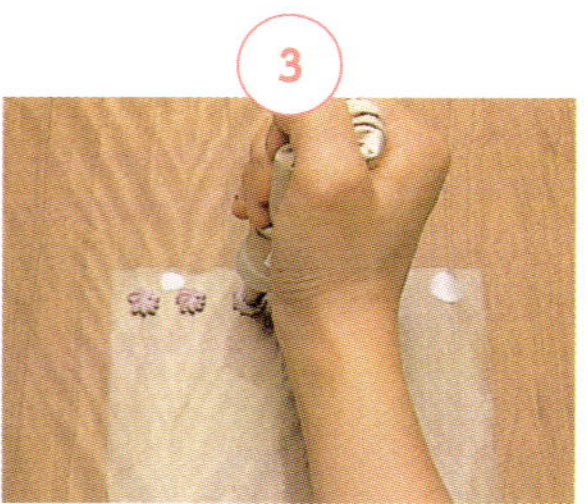

손목을 제자리로 풀면서 위로 힘을 뺀다.

반나절에서 하루 동안 말린다.

중앙에 둥근 모양깍지2로 살짝 꽃심을 짜 올린다.

꽃심이 마르면 1개씩 떼어낸다.

다양한 드롭 플라워 · 꽃심은 모두 둥근 모양2로 짠다.

별 모양깍지을 똑바로 세워서 짠 다음 힘을 뺀다.

별 모양16

별 모양19

별 모양21

별 모양32

별 모양199

별 모양2E 꽃심을 짠 다음 꽃술을 꽂는다.

별 모양33
둥근 모양4
나뭇잎 모양352

별 모양19 · 둥근 모양4
드롭 플라워를 타원형으로 붙이고
둥근 모양4로 작은 파도 모양을
그리면서 둘레에 짜준다.

다양한 드롭 플라워 · 꽃심은 모두 둥근 모양3으로 짠다.

격자무늬 *Basketweave Pattern*

둥근 모양깍지와 물결무늬 깍지를 사용하면 촘촘히 잘 짜여진 바구니를 짤 수 있다. 가로로 짜 나가거나 방사형으로 짜 원형으로 완성하기도 한다. 또 바구니 모양을 로열 아이싱으로 짠 다음 건조시키면 입체감 있는 바구니가 만들어져 좋은 장식이 된다.

격자무늬 짜기

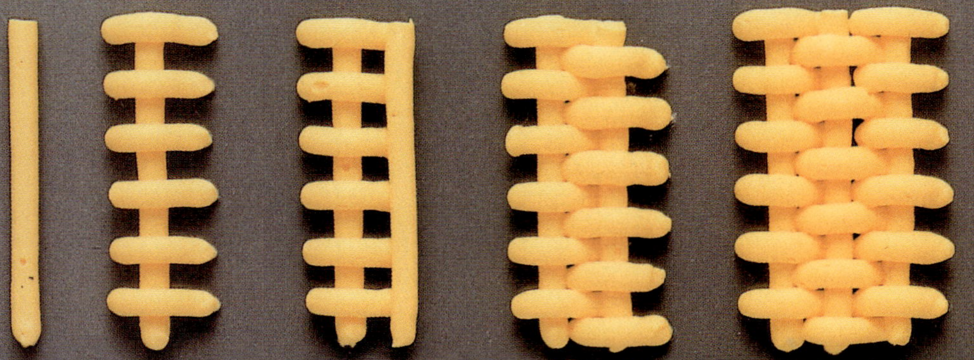

둥근 모양8
세로로 1줄을 짠다. 그 위에 짜 놓은 선과 같은 굵기와 간격을 두고 가로로 짠다. 끝부분이 보이지 않게 세로로 1줄 짜고 그 간격을 채워가며 가로로 짠다.

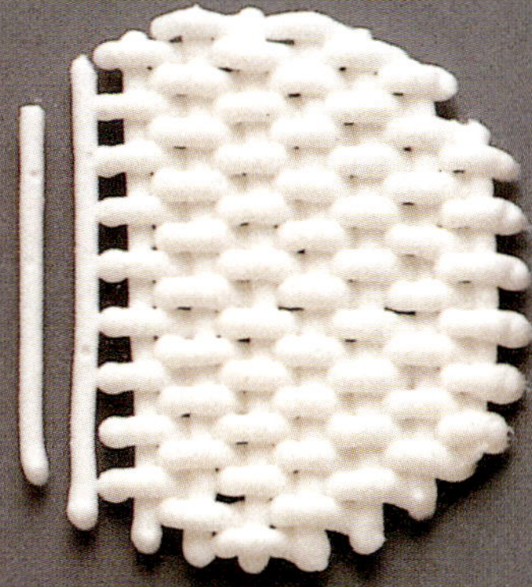

둥근 모양2

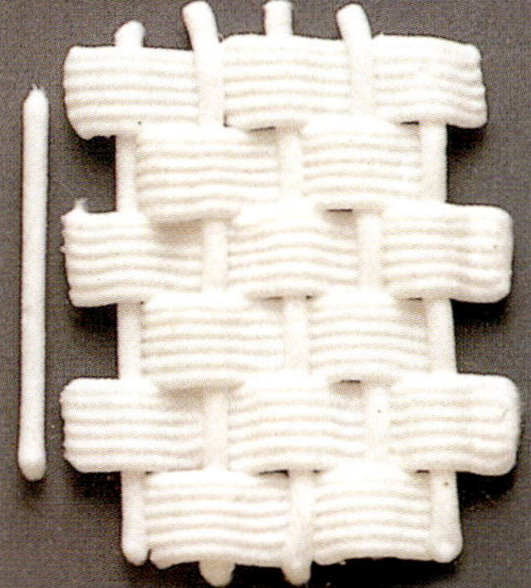

둥근 모양3·물결무늬48

둥근 모양3,2·별 모양19
둥근 모양3으로 원의 반지름만큼 선을 한 줄 짜고 가로
선을 짠다. 가로선은 중심은 짧게, 바깥으로 갈수록 길
게 짠다. 이것을 반복하면서 점점 방사형으로 짜 나간다.

물결무늬48·꽃잎 모양104
물결무늬 깍지로 그물 모양을 짜서 바구니를 만든다. 꽃잎 모양
깍지로 리본을 짠다.

물결무늬48·둥근 모양3,2·꽃잎 모양104·별 모양19
물결무늬와 둥근 모양3으로 격자무늬 바구니를 짠다. 꽃잎 모
양으로 프릴을 만든다. 둥근 모양3으로 손잡이를 짜고 건조시
킨 드롭 플라워(별 모양19, 둥근 모양2)를 장식한다.

평면에 짜는 꽃 *Piping Flowers on the Flat surface*

T네일, Y네일을 이용한 꽃은 입체적으로 짜지는 반면, 평면에 짜는 꽃은 옆에서 보는 듯한 형태로 짜진다. 보드에 짠 다음 건조시켜 장식으로 쓴다. 초보적인 것에서부터 입체적인 것까지 표현 폭이 넓어 데커레이션의 인상이 다양하게 변한다.

평면에 꽃 짜기

장미 꽃봉오리
꽃잎 모양104 모양깍지의 두꺼운 부분을 아래로 한 다음 보드의 면에 붙인다. 똑바로 위로 올리면서 작은 활 모양처럼 그린 다음 아래를 향해 끊는다.

꽃잎 모양104·둥근 모양4
꽃잎 모양깍지의 두꺼운 부분을 짜는 면에 붙이고 상하로 움직이면서 부채 모양의 프릴을 짠다. 좌우도 같은 방법으로 짜서 2단 겹친다. 둥근 모양깍지로 꽃받침을 짠다.
• 짤주머니에 두 가지 색의 아이싱을 넣어 짠다.
  (14페이지 참고)

둥근 모양3·꽃잎 모양104

제비꽃 - 꽃잎 모양104 · 둥근 모양4 · 나뭇잎 모양66
꽃잎 모양깍지의 두꺼운 부분을 면에 붙이고 모양깍지를 상하로 움직이면서 반원의 꽃잎을 만든다. 반원의 작은 꽃잎을 2장 짠다. 중앙의 꽃잎은 모양깍지를 세워서 짜고 꽃받침은 둥근 모양깍지로 짜고 잎은 나뭇잎 모양깍지로 짠다.

달리아 - 꽃잎 모양104 · 둥근 모양3
꽃잎 모양깍지의 두꺼운 부분을 면에 붙인다. 중앙에서 바깥을 향해 모양깍지를 조금씩 움직이면서 활을 그리면서 되돌린다. 같은 요령으로 꽃잎을 4단 겹친다. 둥근 모양깍지로 꽃받침을 짠다.

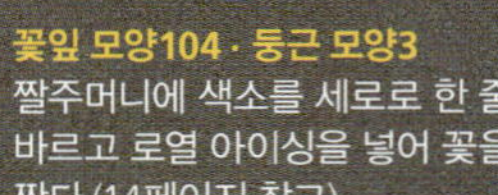

꽃잎 모양104 · 둥근 모양3
짤주머니에 색소를 세로로 한 줄 바르고 로열 아이싱을 넣어 꽃을 짠다.(14페이지 참고)

둥근 모양3 · 꽃잎 모양103 · 나뭇잎 모양68

장미 - 꽃잎 모양104 · 둥근 모양3
꽃잎 모양깍지로 장미 꽃봉오리(82페이지 참고)를 짜고 좌우로 꽃잎을 겹친다. 둥근 모양깍지로 꽃받침을 짠다.

둥근 모양2,3 · 꽃잎 모양103,102 · 별 모양199
둥근 모양깍지2로 가지를 짜고 꽃잎 모양깍지로
크고 작은 꽃을 짠 후 둥근 모양깍지3으로
꽃받침과 잎을 짠다.
둥근 모양깍지2로 글자를 쓴다.
별 모양깍지로 짠 조개 모양으로 둥글게 원을 만든 다음
둥근 모양깍지3으로 선을 긋는다.
흰 장미는 2색의 로열 아이싱을 넣어 짠다.

Happy
Birthday

스위트피 - 꽃잎 모양104
모양깍지의 두꺼운 부분을 아래로 기울인 다음 면에 붙인다. 위로 똑바로 올리면서 세로로
활을 그리고 아래로 내리면서 힘을 뺀다. 좌우도 같은 방법으로 움직이면서 꽃잎을 짠다.

둥근 모양12·잎 모양102
둥근 모양깍지로 토대를 짠다. 꽃잎 모양깍지로 여러 색깔의
작은 스위트피를 짜서 건조시킨 후 아래에서부터 붙인다.

T네일 꽃 *Piping Flowers on the T Nail*

장미짜기에서 대표적으로 볼 수 있듯이 로열 아이싱으로 T네일에 한 송이씩 짜고 완전히 말린 후 사용한다. 케이크 표면에 장식하는 것 외에도 건조 전에 철심 줄기를 붙여 꽃다발을 만들거나 꽃병에 꽃기도 하고 벽에 장식하는 등 여러 가지 응용이 가능하다.

장미

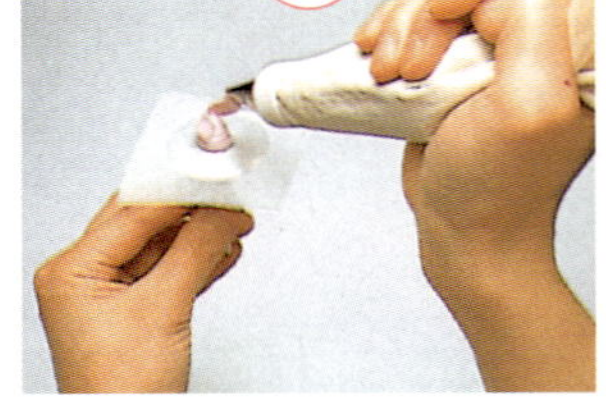

1 로열 아이싱을 T네일에 조금 발라 유산지를 붙인다. 중앙에 둥근 모양깍지 8로 높이 2㎝의 꽃심을 짠다.

2 꽃잎 모양깍지104의 두꺼운 부분을 ①의 중앙보다 아랫부분에 살짝 붙이고 짠다.

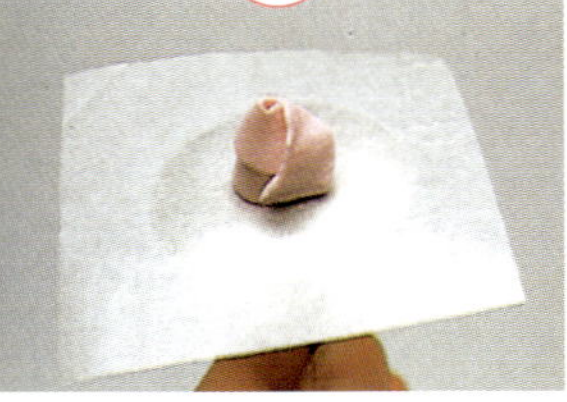

3 모양깍지를 오른쪽으로 돌린다. 네일은 왼손에 쥐고 왼쪽으로 돌려 한 바퀴를 짠다.

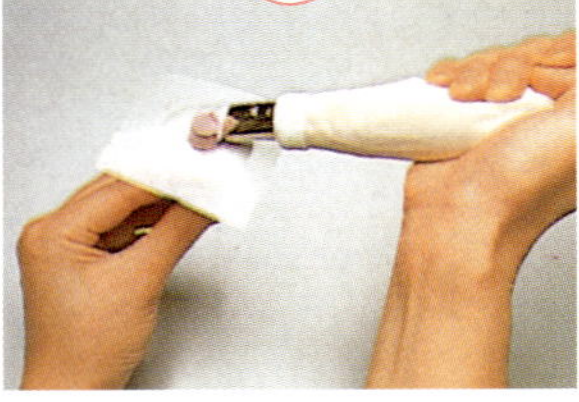

4 꽃심의 시작부분(③의 마지막 부분)에 모양깍지의 두꺼운 부분을 붙이고 모양깍지를 부채 모양으로 움직인다.

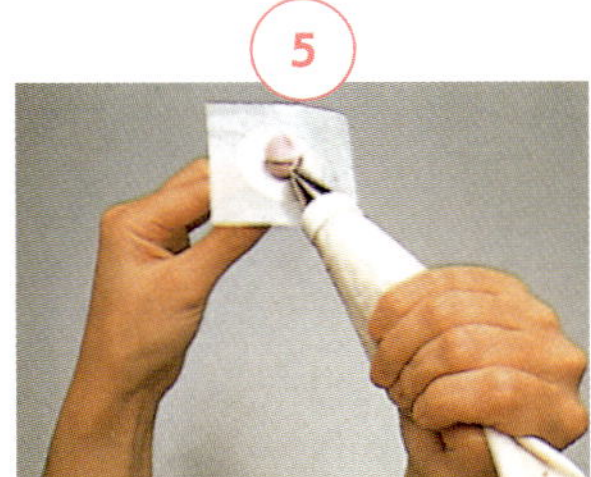

5 꽃심의 시작부분까지 오면 모양깍지를 아래로 내리면서 힘을 뺀다. 첫 번째 꽃잎이 완성된다.

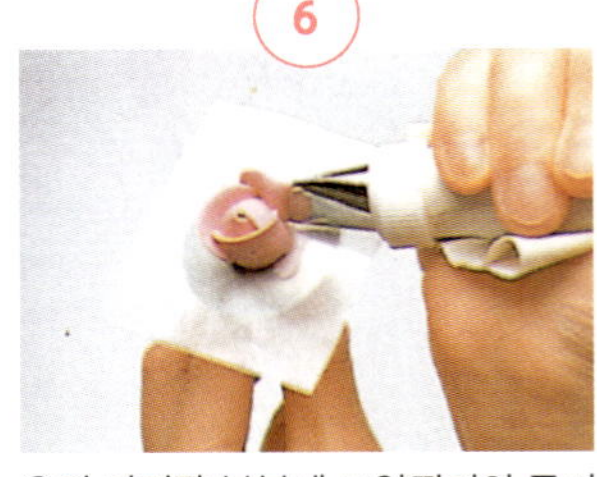

6 ⑤의 마지막 부분에 모양깍지의 두꺼운 부분을 붙이고 같은 방법으로 두 번째 꽃잎을 짠다. 3장째 꽃잎으로 한 바퀴를 완성한다.

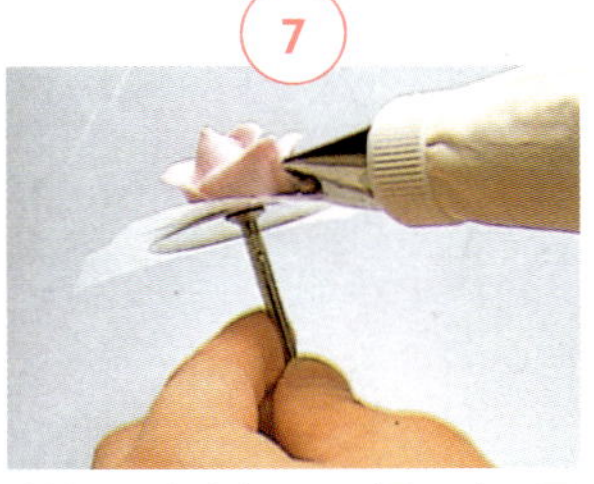

7 왼손, 모양깍지 모두 처음보다 조금씩 크게 움직이면서 꽃잎 4~5장을 짠다.

8 중앙의 꽃심이 밑으로 가라앉지 않도록 짠 후 T네일 채로 떼어내 1~2일 정도 건조시킨다.

 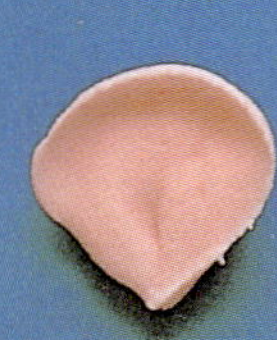   

들장미 - 꽃잎 모양104·둥근 모양4 꽃잎 모양깍지의 두꺼운 부분을 T네일의 중앙에 붙이고 가는 부분을 네일의 바깥 부분으로 놓는다. 부채모양으로 짜고 중앙으로 되돌아오면서 힘을 뺀다. 네일을 조금씩 왼쪽으로 회전시켜가며 같은 꽃잎을 5장 짠다. 중앙에 꽃심을 넣는다.(13페이지 참고)

 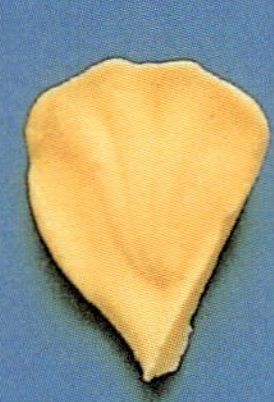   

꽃잎 모양깍지를 상하로 조금씩 움직인다. 주름을 모으면서 꽃잎을 만든다.

꽃잎 모양104·둥근 모양4 꽃심을 짜 넣은 후 잘게 부순 미모사를 올린다.

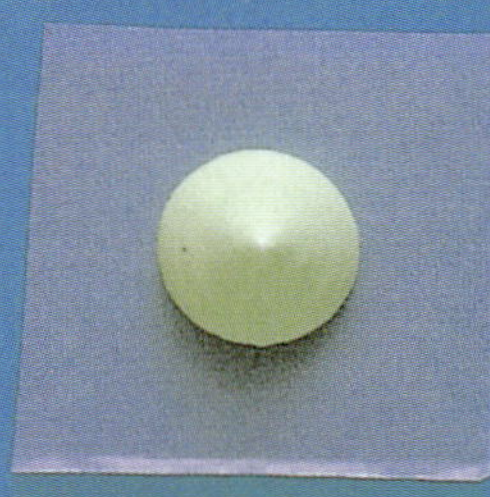  

둥근 모양12,4·꽃잎 모양103
유산지 위에 둥근 모양12로 원뿔형 꽃받침을 짠다. 중앙에 철심을 꽂아 건조시킨다. 꽃받침에 아이싱을 발라 건조시킨 들장미(꽃잎 모양103·둥근 모양4)를 붙인다.

카네이션 - 꽃잎 모양104 90페이지의 들장미와 같은 요령으로 모양깍지를 조금 들어 올려 프릴을 짠다. 작은 프릴을 높게 겹쳐 짠다.

금잔화 - 꽃잎 모양104 모양깍지의 두꺼운 부분을 네일 중앙에 붙인다. 네일의 가장자리까지 모양깍지를 가지고 간 다음 작은 활을 그리면서 중앙에 되돌려 힘을 뺀다. 이 동작을 네일을 왼쪽으로 돌려가며 연속적으로 짜서 봉긋한 모양으로 마무리한다.

제비꽃 - 꽃잎 모양104 · 둥근 모양2 들장미와 같은 요령으로 큰 꽃잎을 2장 짠다. 그 위에 작은 꽃잎을 2장 겹친다. 모양깍지를 조금 눕히면서 크게 움직여 반원을 짠다.

 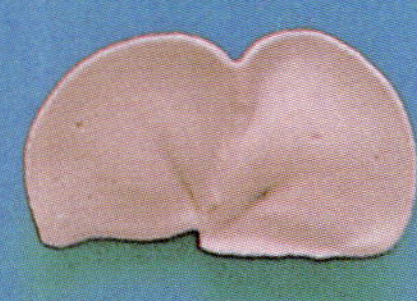 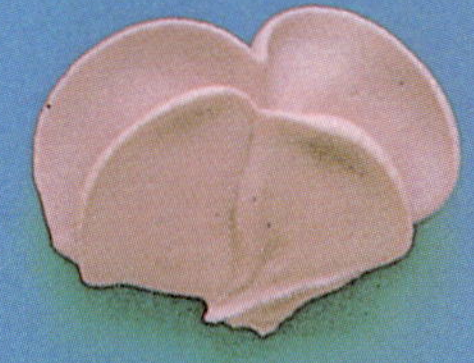 

 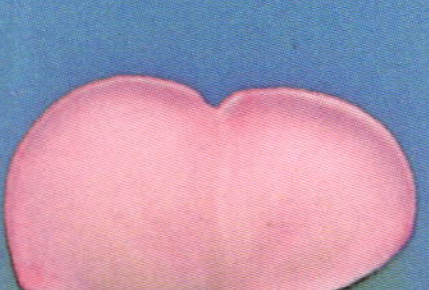 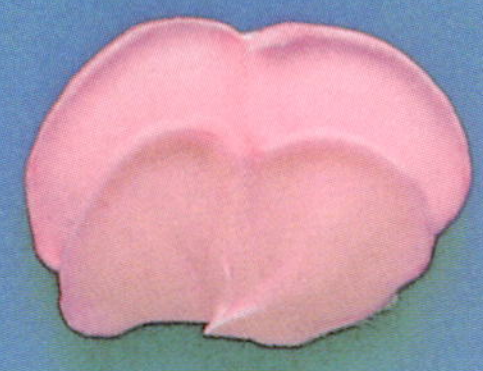 

• 짤주머니에 색소를 바르고 로열 아이싱을 넣어 짠다.(14페이지 참고)

Lovely

수선화 - 꽃잎 모양104 · 둥근 모양 2,1 꽃잎 모양깍지의 두꺼운 부분을 T네일의 중앙에 붙인다. 네일의 가장자리에서부터 바깥쪽으로 조금씩 움직여 활을 그리며 중앙에 모양깍지를 되돌린다. 꽃잎을 짠 다음 손끝에 콘스타치를 묻히고 잎을 집어 모양을 만든다. 꽃심은 둥근 모양깍지2로 나선형으로 짠다. 그 위에 둥근 모양깍지1로 겹쳐 짠다.

꽃잎 모양102 · 둥근 모양1

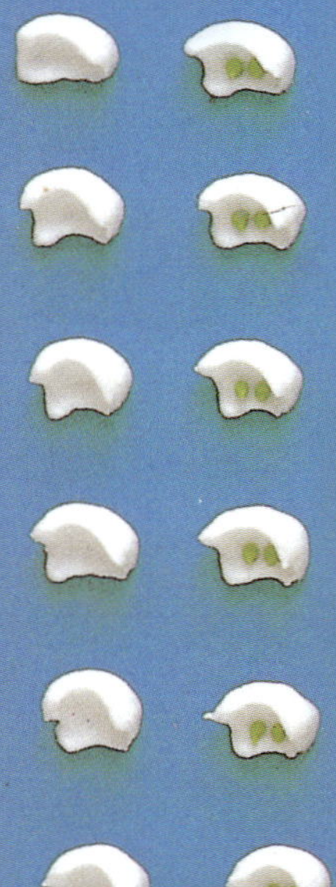

은방울꽃 - 은방울꽃 모양81 · 둥근 모양1 은방울 꽃 모양깍지의 움푹 패인 부분이 보이게 앞으로 놓고 짜는 손을 30°로 기울여 작게 짠다. 중앙에 둥근 모양깍지1로 꽃심을 넣는다.

나뭇잎 모양352 · 둥근 모양2,1 · 은방울꽃 모양81 나뭇잎 모양깍지로 아래에서 위를 향해 잎을 길게 짠다. 둥근 모양깍지2로 가지를 짜고 은방울꽃(은방울꽃 모양81, 둥근 모양1)을 붙인다.

데이지 - 꽃잎 모양103 · 둥근 모양8 꽃잎 모양깍지의 두꺼운 부분을 T네일의 중앙에 붙이고 네일의 가장자리까지 짠 다음 중앙에 되돌리면서 힘을 뺀다. 네일을 쥐고 있는 왼손을 조금씩 왼쪽으로 돌리면서 같은 방법으로 짠다. 둥근 모양깍지로 꽃심을 짠다.

꽃잎 모양103 · 둥근 모양8

데이지 꽃가지 - 꽃잎 모양102
꽃잎 모양깍지의 두꺼운 부분을 아래로 해 철심에 붙이고 철심을 휘감듯이 짠다. 1바퀴를 짜고 나서 힘을 뺀다. 같은 방법으로 철심에 꽃봉오리를 5개씩 짠다.

꽃잎 모양104 · 둥근 모양8,2
꽃잎 모양깍지로 데이지와 같은 방법으로 모양깍지를 움직이면서 짠다. 조금 크게 짜서 꽃잎의 수를 줄인다. 둥근 모양깍지8로 중앙에 심을 짠다. 심 주위에 둥근 모양깍지2로 수술을 짠다.

Y네일 꽃 *Piping Flowers on the Y Nail*

짜서 완전히 건조시킨 꽃을 장식한다. T네일 꽃이 평면적인 한송이 꽃으로 완성되는 것에 비해 Y네일 꽃은 네일 형태를 살려서 입체적이고 화려하게 짤 수 있으며 자신만의 꽃을 창작하여 변화를 줄 수도 있다.

페튜니아

페튜니아 - 꽃잎 모양104 꽃잎 모양깍지의 두꺼운 부분을 Y네일의 오목한 부분에 두고 가는 부분을 바깥쪽으로 향하게 한다. 오목한 부분에서 위를 향해 짜낸다. 네일의 가장자리까지 오면 모양깍지를 눕혀 진동을 주면서 꽃잎을 짠 다음 처음 부분으로 되돌아온다.(14페이지 참고) 같은 방법으로 5장을 짜고 중앙에 꽃심과 꽃술을 넣는다. • 꽃심은 모두 둥근 모양깍지5로 짠다.

↑ **꽃잎 모양104** 꽃잎은 잎 모양깍지를 크게 상하로 움직여 프릴을 많이 만들면서 짠다.
↓ **꽃잎 모양103** Y네일의 가장자리에서 꽃잎 모양깍지를 눕히지 않고 작은 커브의 꽃잎을 만든다. 원위치로 모양깍지를 되돌린다.

꽃잎 모양103 꽃잎 모양깍지의 두꺼운 부분을 Y네일의 오목한 부분에 두고 잔주름을 잡으면서 가장자리까지 짠다. 활 모양으로 주름을 잡으면서 처음으로 되돌린다. 꽃심을 짜고 꽃술을 꽂는다.

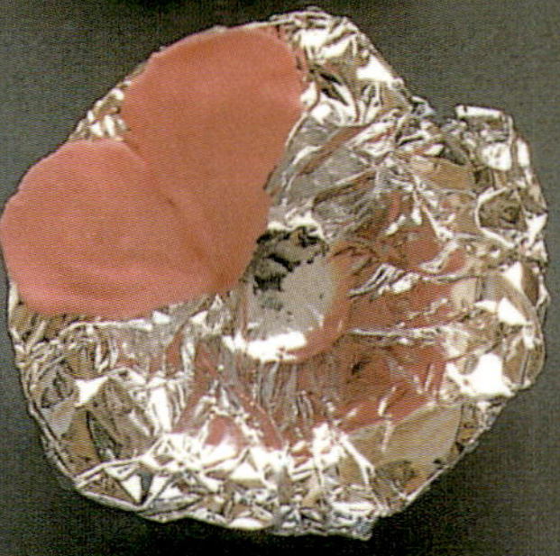

꽃잎 모양102 Y네일의 오목한 부분에서 가장자리까지 꽃잎 모양깍지로 짠다. 모양깍지를 눕히지 않고 작은 커브를 만들면서 처음으로 되돌린다.

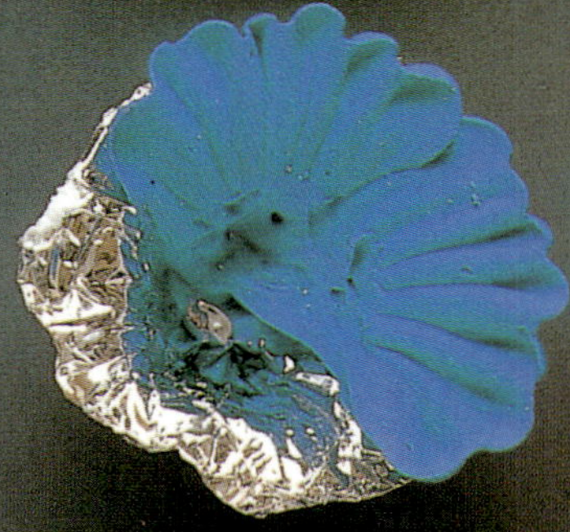

꽃잎 모양104 Y네일의 가장자리까지 모양깍지를 눕힌다. 네일 ¼ 크기의 부채 모양 프릴을 짠다. 중앙에 물에 녹인 색소를 칠하고 꽃심과 꽃술을 넣는다.

꽃잎 모양104 물에 적신 붓으로 중앙을 조금 누른 다음 색을 칠한다. 꽃심과 꽃술을 넣는다.

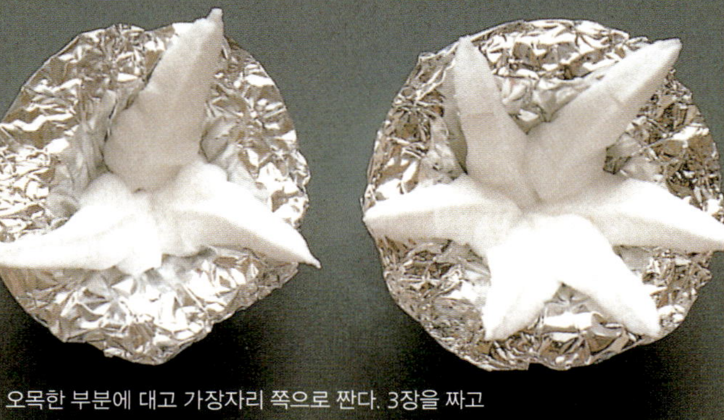

백합 - 나뭇잎 모양74 나뭇잎 모양깍지의 모양이 들어있지 않은 부분을 Y네일의 오목한 부분에 대고 가장자리 쪽으로 짠다. 3장을 짜고
그 사이에 3장의 꽃잎을 짠다. 꽃심과 꽃술을 넣는다.

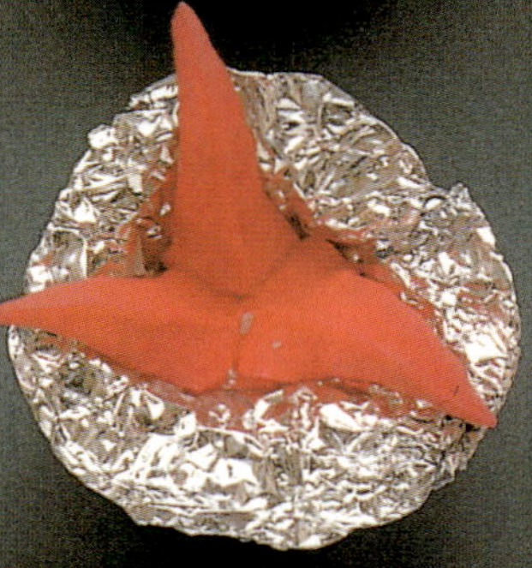

포인세티아 - 나뭇잎 모양74 · 둥근 모양2 중앙에 둥근 모양깍지5로 꽃심을 짠다. 둥근 모양깍지2로 수술을 짠다.

꽃잎 모양103

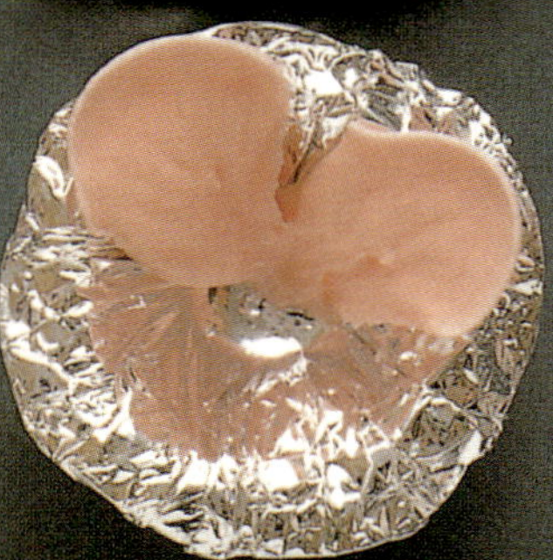

꽃잎 모양103 꽃잎 모양깍지로 꽃잎을 짠다. 콘스타치를 묻힌 손끝으로 꽃잎을 집어 모양을 만든다. 꽃심을 짜고 그 위에
코리앤더(스파이스)를 올린다.

히비스커스 - 꽃잎 모양103·둥근 모양5,2 꽃잎 모양깍지로 꽃잎을 한장 한장 간격을 두면서 짠다. 둥근 모양깍지5로 꽃심을 길게 짜고 끝 부분에 둥근 모양깍지2로 수술을 짠다.

나팔꽃 - 꽃잎 모양104,103·둥근 모양2,3 꽃잎 모양깍지104의 두꺼운 부분을 오목한 부분에 넣고 모양깍지를 눕힌다. 왼손으로 네일을 돌려가며 둥글게 짠다. 그 위부터 네일의 끝부분까지 꽃잎 모양깍지103으로 프릴을 만들면서 5각형으로 짠다. 꽃잎에 둥근 모양깍지2로 선을 긋는다. 둥근 모양깍지3으로 꽃심을 짠다.

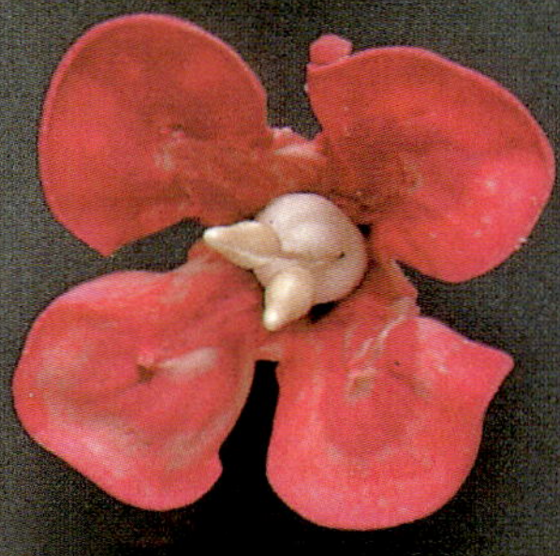 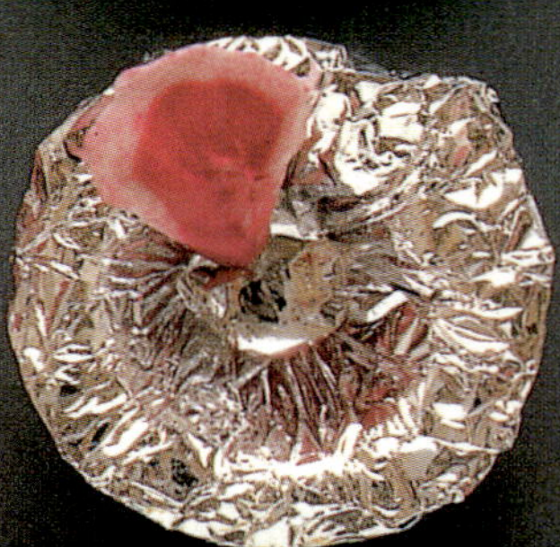  

꽃잎 모양103 · 둥근 모양5 2색의 아이싱을 넣은 짤주머니로 히비스커스와 같은 방법으로 짠다.

과자를 완성하는
데커레이션
테크닉

Cake
Decoration
Technique

롤드 퐁당 *Rolled Fondant*

롤드 퐁당을 씌운 케이크는 반죽에 매끈함과 투명감이 있어 로열 아이싱을 바른 케이크에 비해 우아한 분위기가 난다.
장식꽃이나 짜는 선도 섬세해서 전체적으로 부드러운 표정으로 완성된다.

리본 끼우는 방법

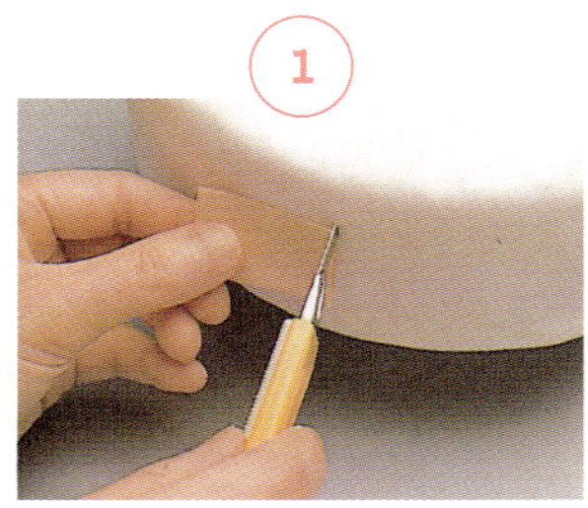

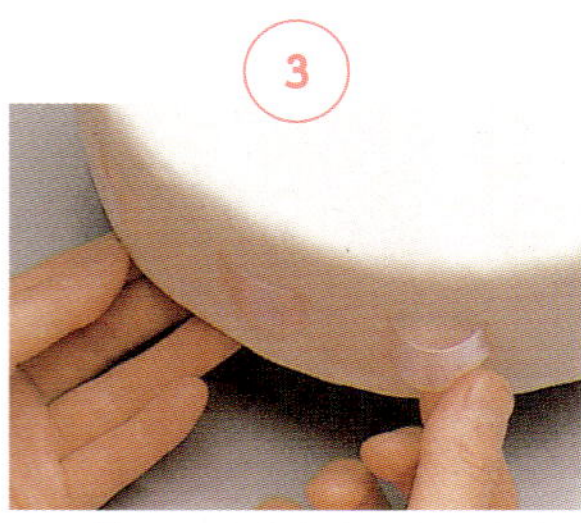

롤드 퐁당이 굳기 전에 리본 폭에 맞춰 칼집을 넣는다.	리본 테이프를 칼집을 낸 리본 폭보다 1cm의 여유있게 자르고 한쪽을 끼운다.	다른 한쪽도 끼워서 리본이 뜨지 않도록 고정시킨다.

롤드 퐁당으로 커버링 한 케이크 위에 로열 아이싱으로 선을 짠다. 원처럼 선을 둘러 공간을 만들 때나 점을 짤 때는 둥근 모양깍지1을 사용한다.

커버링 한 케이크 위에 로열 아이싱을 짜 레이스를 만든다. 간격을 표시하고 둥근 모양깍지3으로 빗 모양을 짜서 건조시킨다. 둥근 모양깍지2로 세로로 섬세하게 선을 짜고 조개 모양으로 장식한다. 주로 옆면 장식에 사용한다.

• 선긋기의 도안은 둥근 모양1, 2로 짜고 빗 모양은 둥근 모양2, 3으로 짠다.

롤드 퐁당 케이크 장식

<가장자리 장식법>

① 롤드 퐁당으로 케이크 시트를 덮는다. 건조되기 전에 펀치로 모양을 만든다.

<레이스 붙이기>

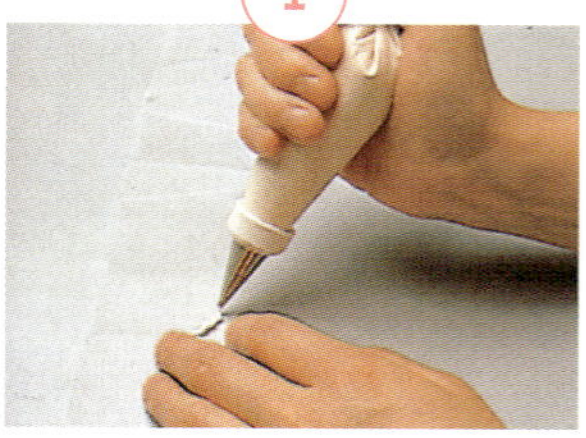

① 망사에 주름을 잡기 위해 1㎝ 정도 안쪽으로 실을 통과시켜 둔다. 로열 아이싱으로 선을 짠다.

② 로열 아이싱이 마르면 실을 잡아당겨 적당한 주름을 잡는다.

③ 옆면에 로열 아이싱을 짜고 망사를 붙인다.

<레이스 붙이기>

①	②	③	④

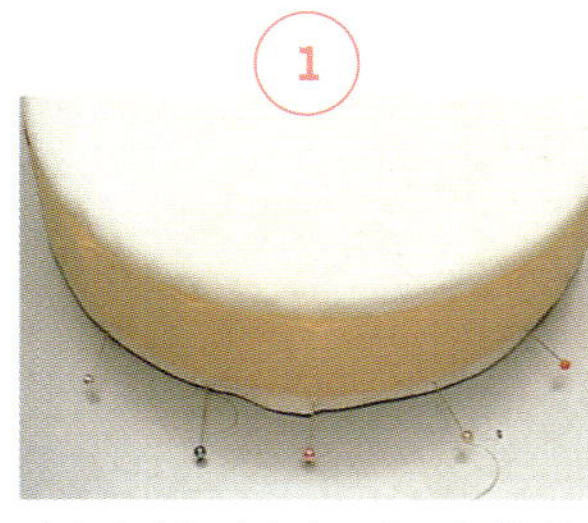 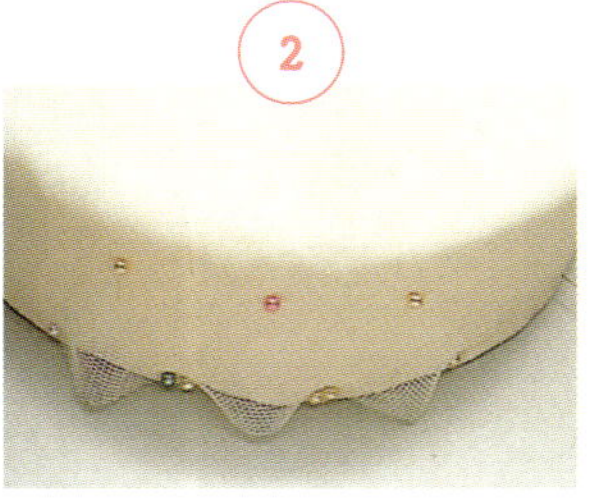 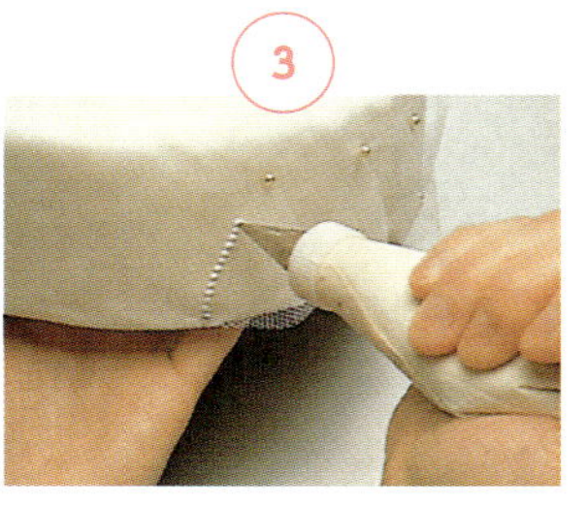 

옆면과 같은 길이의 종이 틀을 원하는 등분으로 접는다. 옆면에 둘러 시침핀으로 간격을 표시한다.	삼각형으로 자른 망사를 간격을 맞춰가며 시침핀으로 고정시킨다.	로열 아이싱을 짜 망사를 고정시킨다. 시침핀 아랫부분은 핀을 뽑고 짠다.	③이 고정되면 로열 아이싱으로 선을 아래부터 순서대로 4단을 짠다.

<격자무늬로 바구니 짜기>

둥근 모양3 틀에 쇼트닝을 얇게 바른다. 바닥 부분에 얇게 밀어 편 검 페이스트를 올린다. 틀의 옆면에 격자무늬로 로열 아이싱을 짠다(80페이지).
완전히 마르면 틀 안쪽을 데워 쇼트닝을 녹이면서 틀에서 떼어낸다.

둥근 모양2,1 둥근 모양깍지2를 사용해 런아웃 아이싱(19페이지 참고)으로 판을 만들어 건조시킨다. 윗판에 둥근 모양깍지1로 아이싱을 짠다. 2장의 판 사이에 스티로폼을 끼운다. 상하의 판 사이에 둥근 모양깍지2로 선을 짠다. 완전히 마르면 스티로폼을 뺀다.

<요람 만들기>

둥근 모양1 틀에 쇼트닝을 얇게 바른다. 얇게 밀어 편 검 페이스트를 올려 건조시킨다. 완전히 건조되면 틀에서 떼어낸다.
로열 아이싱으로 레이스를 붙이고 선을 짠다. 레이스의 끝부분은 리본으로 마무리한다. 안에는 롤드 퐁당으로 만든 인형과 이불을 올린다.

모양깍지는 모두 둥근 모양2 우선 로열 아이싱으로 1줄을 짠다. 표면이 마르면 그 위에 겹쳐 짠다. 이 과정을 반복한 다음 다른 색으로 둥글게 점을 짠다.
콘스타치를 묻힌 손가락으로 가볍게 누른다.

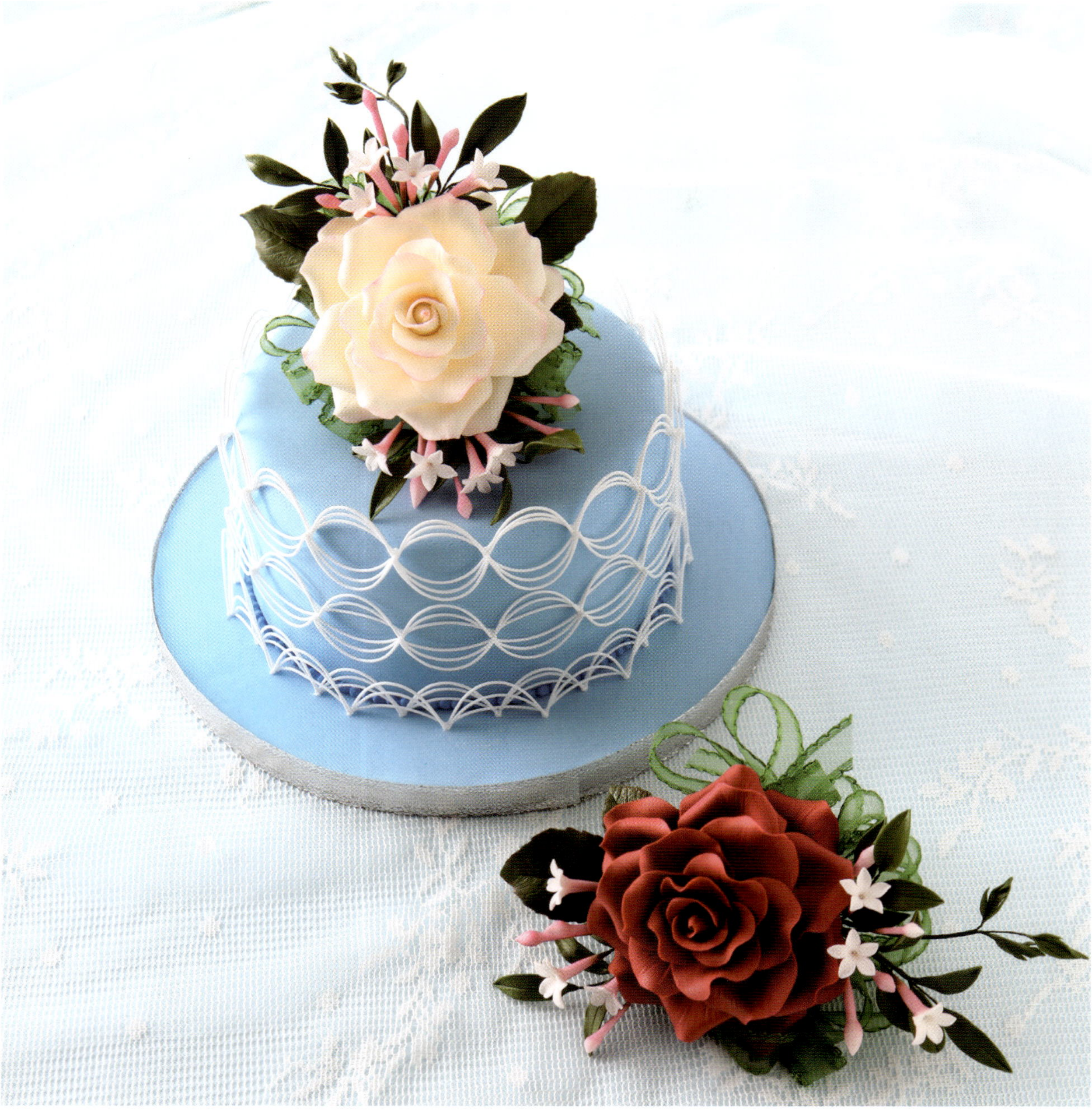

거꾸로 짜기

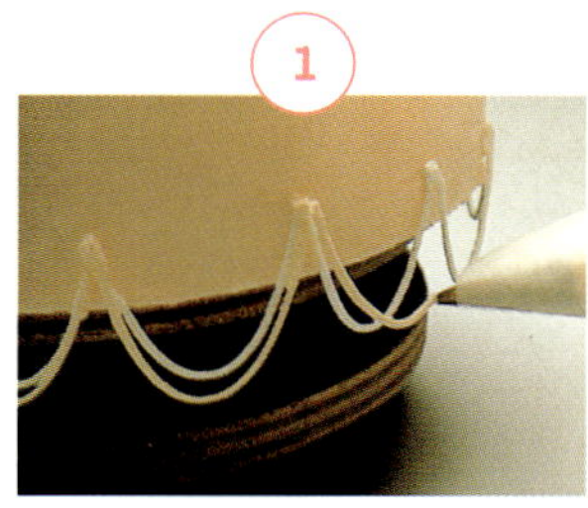
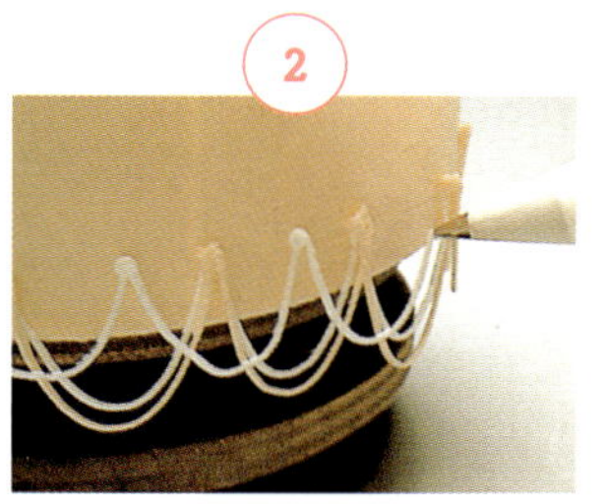

건조된 케이크를 회전대에 뒤집어 놓고 둥근 모양깍지로 로열 아이싱을 짠다.

2중으로 짠 사이사이에도 선을 짜고 완전히 마를 때까지 거꾸로 놓아둔다.

미로 짜기

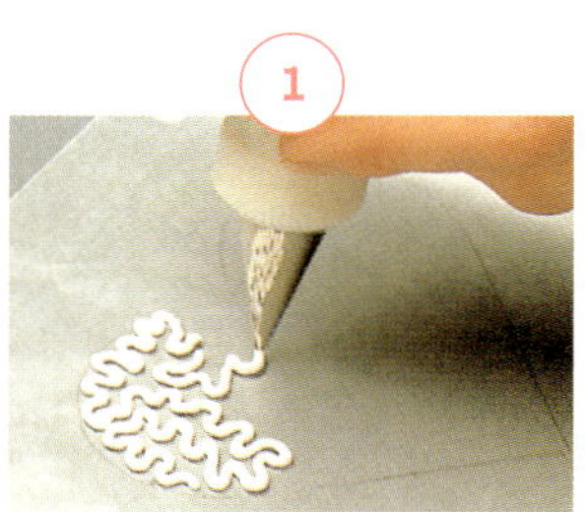

둥근 모양깍지를 면에 수직으로 붙이고 상하좌우 적당히 모양깍지를 움직여 채워간다.

 데커레이션 테크닉

모델링 페이스트 *Modelling Paste*

반죽의 부드러움을 살려 다양한 형태의 꽃잎을 만들 수 있다. 특히 카틀레야나 페튜니아의 우아한 프릴도 잘 표현할 수 있다. 완전히 건조시키면 장시간 보관이 가능하다. 반죽의 유연성 때문에 비교적 잘 부서지지 않으며 부케로도 많이 사용된다.

모델링 페이스트로 꽃 만들기(장미, 부바르디아)

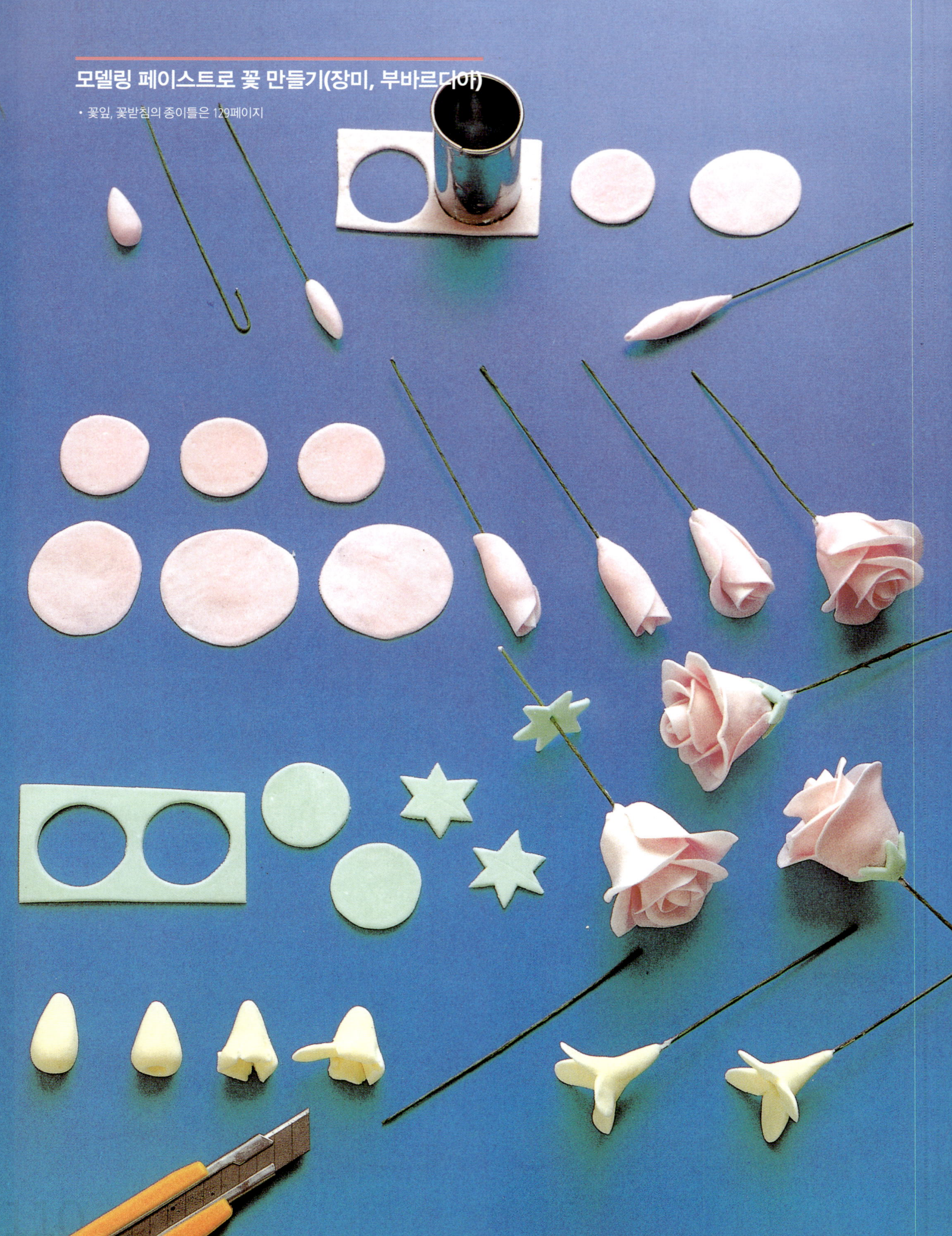

모델링 페이스트로 꽃 만들기(페튜니아, 데이지)

꽃을 만들어 모양이 변하지 않게 잘 건조시킨다. 부바르디아 등 철심이 가는 것은 철심 끝을 구부려서 사용한다. 장미 등 큰 꽃에 사용하는 굵고 튼튼한 철심은 스티로폼에 꽂아 건조시킨다.

모델링 페이스트의 꽃 만들기(카라, 스위트하트 로즈)
• 잎의 종이틀은 아래 그림

실제 크기의 종이틀

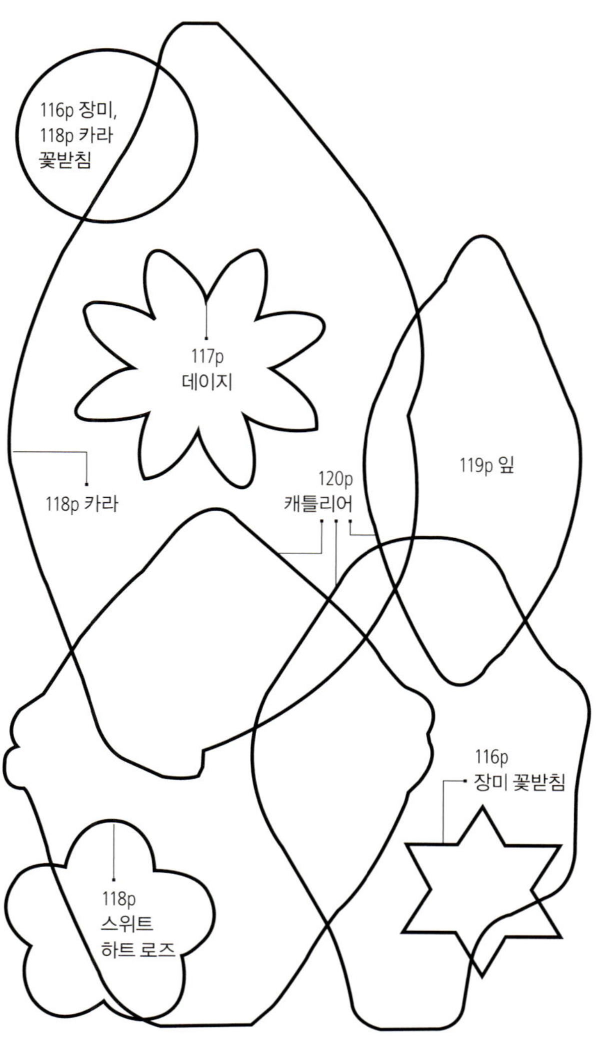

부케 묶는 법

망사 레이스나 리본을 플라워용 철심을 사용해 깨끗하게 뭉쳐 꽃과 합친다. 종이 테이프로 철심을 감아 완성한다. 망사 레이스나 리본 크기는 꽃 크기에 따라 정한다.

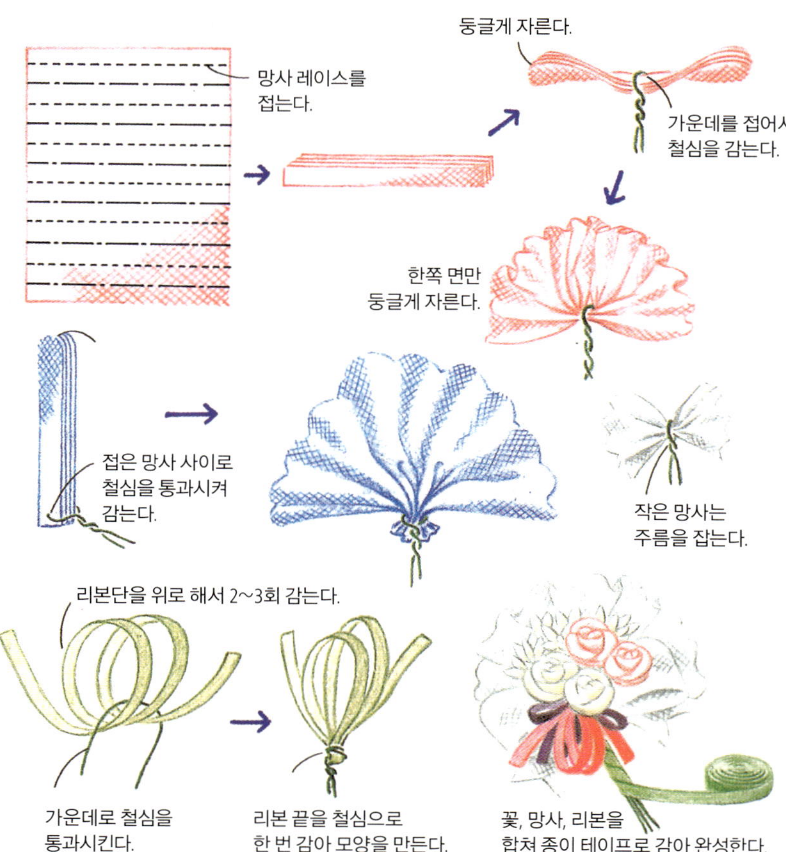

데커레이션 테크닉

검 페이스트 *Gum Paste*

롤드 퐁당, 모델링 페이스트와 비교해 가장 건조가 빠르고 튼튼하다. 이러한 이점을 살려 케이크를 지탱할 수 있는 기둥이나 중간 받침대로 사용한다. 장기보존이 가능하므로 소형 집 조립이나 케이크 장식에 사용한다.

부채, 조개, 기둥 만드는 법

착색한 검 페이스트를 얇게 밀어 편다. 종이 틀에 따라 자르고 건조시킨다. 로열 아이싱으로 모양을 짜서 완성한다.

틀에 쇼트닝을 얇게 바른다. 착색한 검 페이스트를 얇게 밀어 펴 틀에 깐 다음 여분을 잘라 낸다. 완전히 건조되면 틀을 따뜻하게 데워 떼어낸다.

둥근 모양2
얇게 밀어 편 검 페이스트에 롤러로 모양을 내고 자른다. 쇼트닝을 얇게 바른 틀에 감아 아이싱으로 접착한 다음 건조시킨다. 조개 모양으로 짠다.

둥근 모양2
얇게 밀어 편 검 페이스트를 잘라 마르기 전에 찍는 틀로 모양을 찍고 건조시킨다. 마르면 로열 아이싱으로 접착한 다음 장식을 짠다.

가스렌지
긴의자

진열장
꽃병 테이블
사각 테이블

검 페이스트로 의자 만들기

가구 실제 크기의 종이틀

사각테이블의 옆면
사각테이블의 윗면
긴 의자의 등부분
꽃병 테이블의 윗면
꽃병 테이블과
긴 의자 다리
의자의 등부분
의자와 둥근 테이블 다리
의자 좌석부분
진열장 옆면
(윗부분)
진열장 선반 문(아래)
진열장 옆면(아랫부분)
진열장 중간 선반 테두리
가스레인지 위의 창문(소)
꽃병 위의 창문(대)
가스레인지의 등부분
가스레인지 구멍
가스레인지의 윗면
접기
가스레인지의 옆면
가스레인지의 앞면
둥근 테이블
진열장 유리창 테두리(좌우대칭)
진열장 천장부분
진열장 뒷부분
진열장 중간 받침대

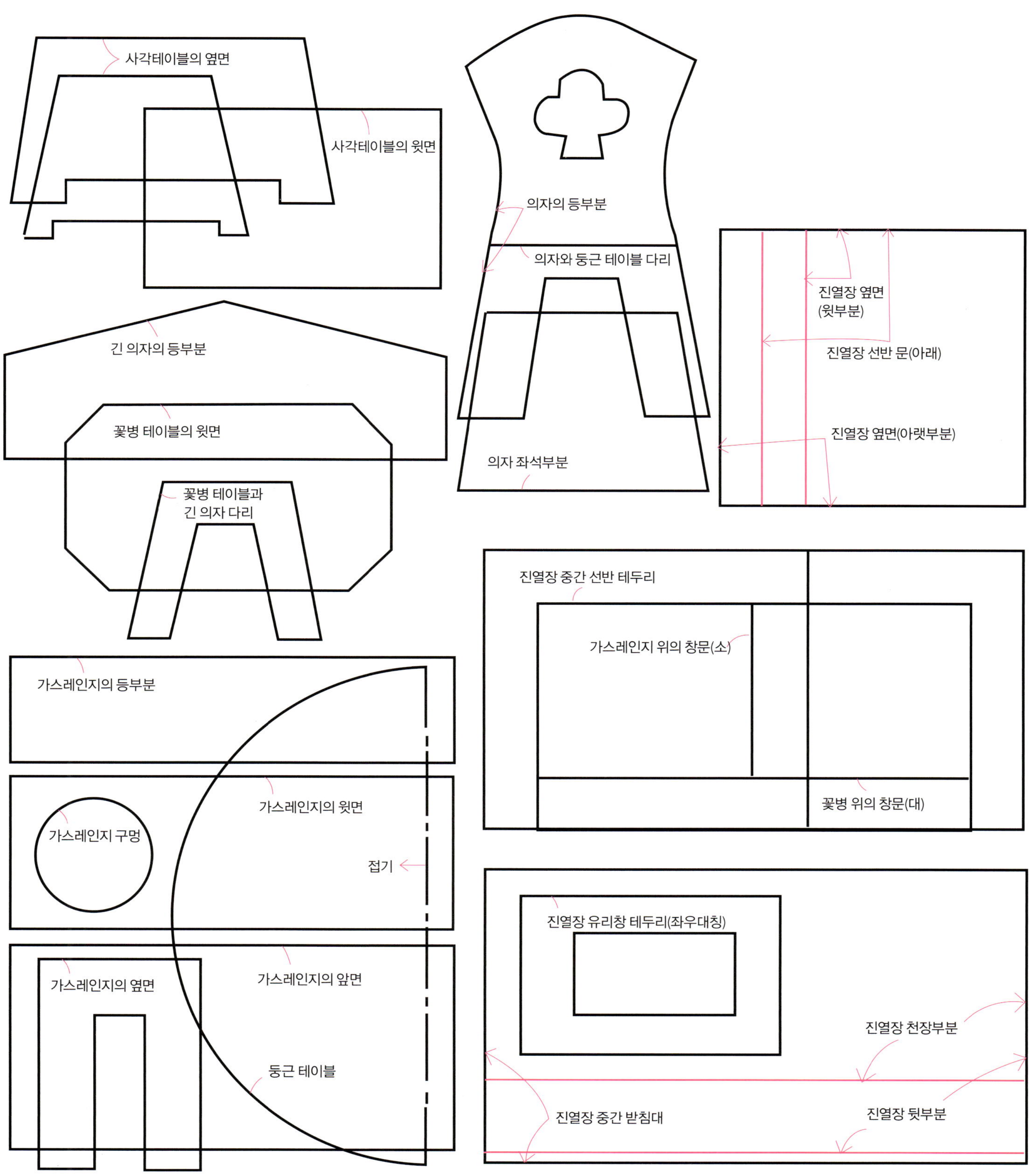

쿠키 *Cookie*

판 모양으로 쿠키를 구워 장식하거나 조립해서 집이나 가구 등을 만들 수 있다. 검 페이스트와는 달리 진짜 과자이므로 튼튼하지는 않지만 부드러운 분위기를 낼 수 있다.

쿠키 만드는 법

재료(쿠키 반죽)

버터 90g
설탕 120g
베이킹소다 1작은술
물 75cc
밀가루(박력분) 300g

※하우스나 쿠키 책갈피의 반죽은 위의 밀가루 300g에 코코아
파우더, 시나몬파우더 각각 1작은술, 클로브파우더, 진저파우
더 각각 ½작은술을 넣어 만든다.

1

부드러운 상태의 버터에 설탕을 2~3
회에 걸쳐 나누어 넣고 거품기로 섞
는다.

2

물에 녹인 베이킹소다를 ①에 넣고 섞
는다.

3

체 친 밀가루를 2회에 걸쳐 나누어 넣
고 자르듯이 섞는다.

4

③을 뭉쳐서 비닐에 넣어 평평하게 만
들고 냉장고에서 30분간 휴지시킨다.

5

반죽을 한 번 뭉친 다음 덧가루(강력
분)를 뿌린 천 위에서 2mm로 밀어 차
게 식힌다.

6

반죽에 종이 틀을 놓고 틀을 따라 프티
나이프로 자른다.

7

철판에 놓고 160~170℃ 오븐에서 굽
는다.

쿠키 조립하기

1

로열 아이싱을 짤주머니에 넣고 차게
식힌 쿠키 위에 짠다.

2

쿠키를 로열 아이싱으로 접착시켜 조
립한다.

Tip. 쿠키 반죽에 관해

하우스나 140, 141페이지 가구의 쿠키 반죽은 버터가 적고 달걀이
들어있지 않은 반죽이므로 달걀이 들어있는 반죽보다 딱딱하고
단단하게 구워진다. 판으로 조립하기에 알맞다.

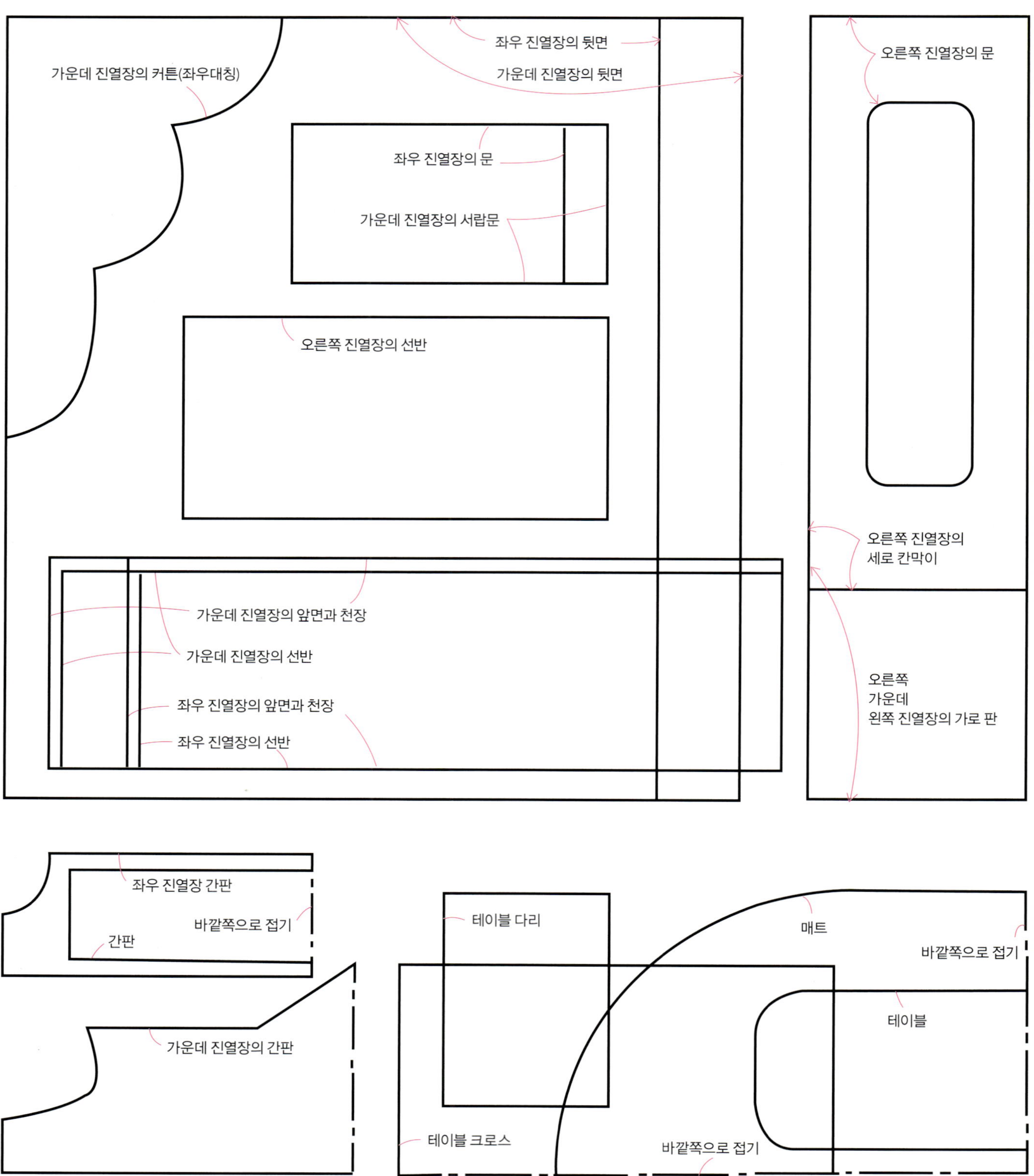
가운데 진열장의 커튼(좌우대칭)
좌우 진열장의 뒷면
가운데 진열장의 뒷면
오른쪽 진열장의 문
좌우 진열장의 문
가운데 진열장의 서랍문
오른쪽 진열장의 선반
오른쪽 진열장의
세로 칸막이
가운데 진열장의 앞면과 천장
가운데 진열장의 선반
좌우 진열장의 앞면과 천장
좌우 진열장의 선반
오른쪽
가운데
왼쪽 진열장의 가로 판
좌우 진열장 간판
간판
바깥쪽으로 접기
가운데 진열장의 간판
테이블 다리
매트
바깥쪽으로 접기
테이블
테이블 크로스
바깥쪽으로 접기

마지팬 *Marzipan*

아몬드와 설탕으로 만든 페이스트이다. 얇게 밀어 펴 케이크에 씌우거나 인형 등의 작은 사물을 만드는 데 사용한다. 작업 중에는 건조되지 않도록 주의한다. 작은 사물은 완성 후, 완전히 마른 후에 케이크에 장식하지 않으면 습해져서 무너져 버린다.

프랑스에서는 마스펭(Massepain), 독일에서는 마르치판(Marzipan)으로 불리운다.

마지팬의 기원은 고대 왕국으로까지 거슬러 올라간다. 고대 학자의 기록에 의하면 고대 메디아 왕국의 황폐한 북부 산악 지역에서 과일을 말려 가루로 만든 것으로 과자를 만들고 불에 구운 아몬드로 빵을 만들었다고 적혀 있다.

하지만 마지팬이라는 용어가 사용되기 시작한 것은 중세 유럽이라고 전해진다. 중세 십자군 원정시대(11~13C), 아랍 사람들은 동지중해 연안의 레벤트에서 통용되던 은화를 마우타반(Mauthaban)이라 불렀는데 이 동전의 이름이 후에 귀한 의약품을 넣는 목재 상자에 붙여졌다. 그리고 13세기에 들어서면서는 이것이 값비싼 식재료인 설탕과 아몬드를 담는 용도로 사용되면서 자연스럽게 그 이름이 상자에 담긴 과자의 이름으로 옮겨간 것이다.

이렇듯 귀족적이고 귀했던 마지팬은 1800년대 이후 제조 기술이 발달하면서 대중화의 길을 걷게 된다.

마지팬의 종류는 배합 특성에 따라 로마지팬과 마지팬으로 나뉜다. 설탕과 아몬드의 비율이 1:2인 로마지팬은 아몬드 양이 많아 스펀지, 파운드 반죽 등에 섞어 구워내거나 필링으로 사용하는 데 알맞다. 이에 반해 설탕과 아몬드의 비율이 2:1로 설탕의 점도가 강한 마지팬은 세공물을 만들거나 얇게 펴서 케이크 커버링에 사용된다.

이 책에서 사용되는 재료는 당연히 로마지팬이 아닌, 마지팬이다. 마지팬의 색깔은 로마지팬보다 엷기 때문에 착색효과가 좋다.

마지팬 과일만들기   • 실연 : 최두리(최두리 슈거아트&웨딩 케이크 연구실 원장)

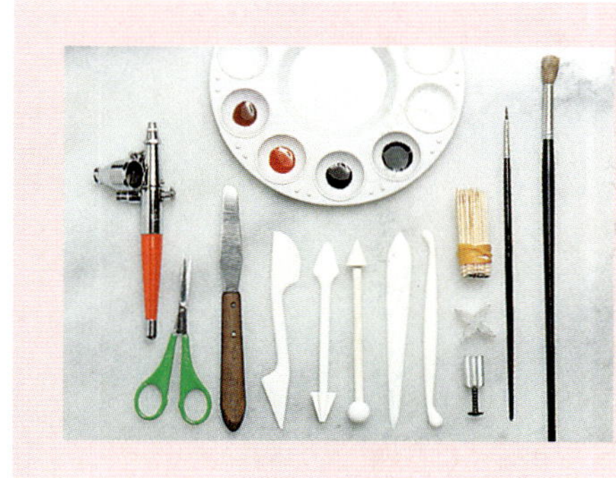

준비 도구 및 재료
에어브러시, 세공용 가위, 스패튤러
마지팬 스틱, 이쑤시개 다발, 모양틀, 붓
콘스타치, 커피 농축액
식용 색소(빨간색, 연두색, 밤색 등)

아보카도

1

껍질대와 껍질, 씨앗을 만들 밤색 마지팬과 과육을 만들 노란색, 연두색 마지팬을 준비한다.

2

막대 모양으로 늘린 연두색과 노란색의 과육용 마지팬을 비닐 사이에 끼우고 밀대로 밀어 평평하게 한다.

3

②의 네 모서리를 깨끗하게 자른 다음 씨앗용 마지팬을 감는다. 이때 과육용 마지팬의 한쪽 끝에 칼집을 내어 과육 모양으로 정리한다.

4

③의 둘레에 막대 모양으로 늘린 밤색 껍질대를 감아 아보카도의 단면을 만든다.

5

④를 밤색 마지팬으로 만든 껍질 위에 얹은 다음 이쑤시개 다발로 껍질 모양을 내어 마무리한다.

Tip. 아보카도

녹나무과에 속하는 열대 과실 아보카도는 버터처럼 지방질은 많지만 어느 조리법에나 잘 맞는다. 소금을 넣으면 버터처럼 되고, 설탕이나 꿀을 넣으면 크림 같이 된다. 최근에는 양과자를 만들 때 사용되기도 한다.

딸기

1

마지팬을 손으로 빚어 딸기 모양으로 만들고 이쑤시개 다발로 꾹꾹 눌러 표면에 무늬를 낸다.

2

에어브러시로 빨간색 색소를 분사한다.

3

마지팬 스틱을 이용해 잎과 꼭지를 붙인다.

바나나

1
마지팬을 바나나 모양으로 길게 빚어 꼭지를 뺀 다음 마지팬 스틱으로 꼭지에 홈을 낸다.

2
에어브러시로 연두색 색소를 적절히 분사한다.

3
커피 농축액을 살짝 발라준다.

서양배

1
마지팬을 둥글리면서 한쪽을 가늘게 빼 서양배 모양으로 빚은 다음 비닐을 씌우고 머리가 둥근 봉으로 홈을 낸다.

2
에어브러시로 연두색 색소를 적절히 분사한다.

3
홈 부분에 꼭지를 만들어 붙인 다음 붓에 커피 농축액을 묻혀 가볍게 줄을 긋는다.

체리

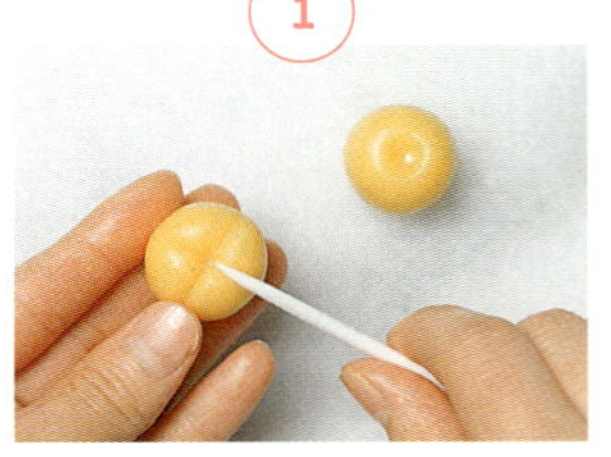

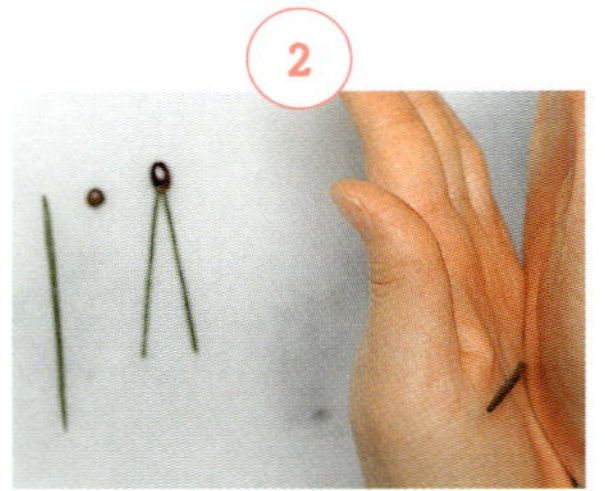

1
마지팬을 둥글린 다음 비닐을 씌워 홈을 만든다. 그리고 칼날 모양의 마지팬 스틱을 이용해 열십자로 길게 줄을 낸다.

2
초록색으로 착색된 마지팬 안에 철심을 넣고 손바닥으로 비벼 체리 줄기를 만든다.

3
에어브러시로 빨간색 색소를 분사한 다음 줄기를 꽂아 완성한다.

복숭아

1
마지팬을 둥글려 복숭아 모양으로 만든 다음 칼날 모양의 마지팬 스틱으로 복숭아의 밑부분에서부터 위쪽으로 길게 홈을 낸다.

2
에어브러시로 빨간색 색소를 적절히 분사한다.

3
콘스타치를 붓에 묻혀 2에 살짝 칠한 다음 잎을 만들어 붙여 완성한다.

비파

1

2

3

마지팬을 손으로 비벼 타원형으로 만 든 다음 한쪽 끝을 가늘게 한다.

세공용 가위로 넓적한 부분에 가위밥 을 넣으면서 살짝 들어 올린다.

에어브러시로 연두색 색소를 적절히 분사한다

Tip. 비파

비파는 장미과(科) 비파속(屬) 열매로 원산지는 인도 북부이고 현재 주산지는 일본이다. 맛이 달고 즙이 많 은 이 과일은 잘라서 젤리로 굳히거나 프루츠 펀치에 쓰며 레몬 즙과 설탕을 넣어 잼으로 만들기도 한다.

사과

1

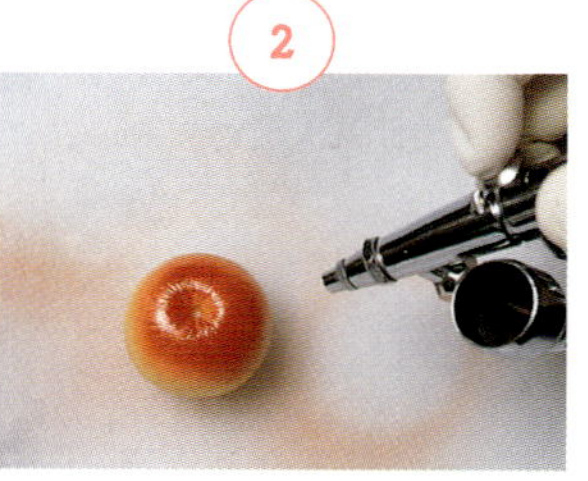
2

3

노란 마지팬 반죽을 동그랗게 빚는다. 랩이나 비닐을 씌운 후 마지팬 스틱으 로 윗면을 꾹 눌러 꼭지 자리를 만든다.

빨간색 색소를 적절히 분사해 색을 입 힌다.

초록색 반죽을 얇게 밀어 펴 만든 잎과 갈색 반죽으로 만든 꼭지를 ①의 움푹 패인 자리에 붙여 마무리한다.

참외

1

2

3

노란색 반죽을 타원형으로 둥글린다. 윗면에는 동그란 모양으로 홈을 내 배 꼽을 만들고, 옆면에는 일정한 간격을 두고 6개의 세로 홈을 살짝 낸다.

흰 반죽을 가늘게 밀어 홈이 패인 부 분에 붙인다.

윗면의 배꼽 부분에도 가늘게 민 흰 반 죽을 붙인 후 초록색 반죽으로 꼭지를 만들어 붙인다. 초록색 색소를 양쪽 꼭 지 부분에 살짝 분사해 마무리한다.

귤

1

2

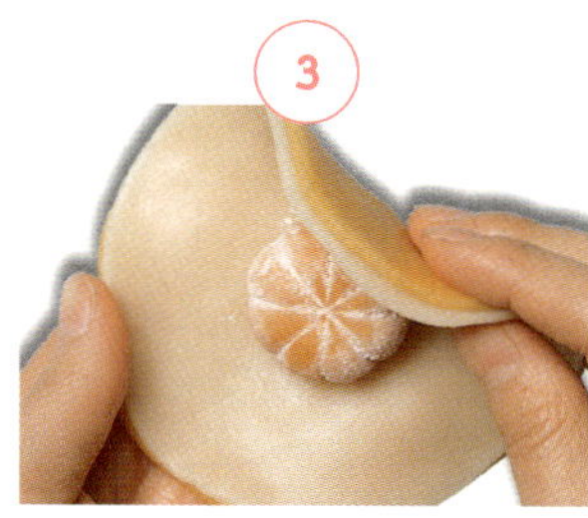
3

주황색 반죽을 동글납작하게 빚고 일 정한 간격을 두고 8개 정도의 깊은 세 로 홈을 내 귤 속 모양을 만든다.

①에 콘스타치를 골고루 묻힌다.

흰 반죽과 노란 반죽을 얇게 밀어 편 후 흰 반죽은 안쪽에, 노란 반죽은 바깥 쪽에 오도록 겹친다. 이것을 둥글게 잘 라 ②를 감싼다.

4 이쑤시개 다발로 표면을 찍어 귤 껍질 모양을 낸다.

5 초록색 반죽으로 꼭지를 만들어 붙이고, 껍질을 벗겨 귤 속이 살짝 드러나 보이게 한다. 초록색 색소를 군데군데 살짝 분사해 마무리한다.

레몬

1 노란색 반죽을 한쪽은 둥글고 한쪽은 약간 길쭉한 레몬 모양으로 빚은 다음, 길쭉한 쪽 끝부분에 머리가 작고 둥근 스틱으로 홈을 만든다.

2 이쑤시개 다발로 표면에 오돌도돌한 무늬를 낸 후 초록색 반죽으로 꼭지를 만들어 ①의 홈에 붙인다.

3 양 끝부분에는 초록색 색소를, 몸통 부분에는 빨간색 색소를 엷게 분사해 자연스러운 색을 낸다.

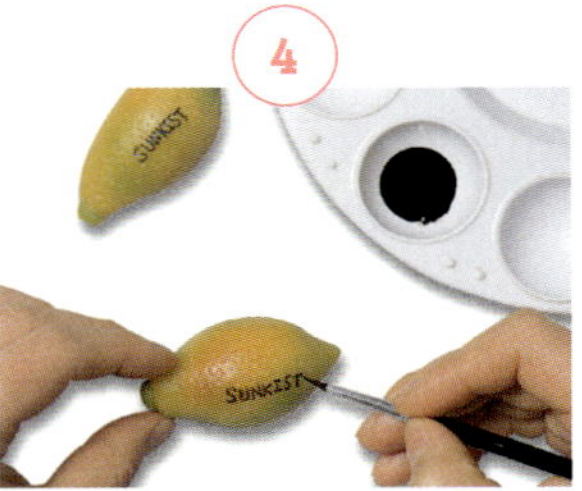

4 가는 붓에 커피 농축액을 찍어 글씨를 써넣는다.

감

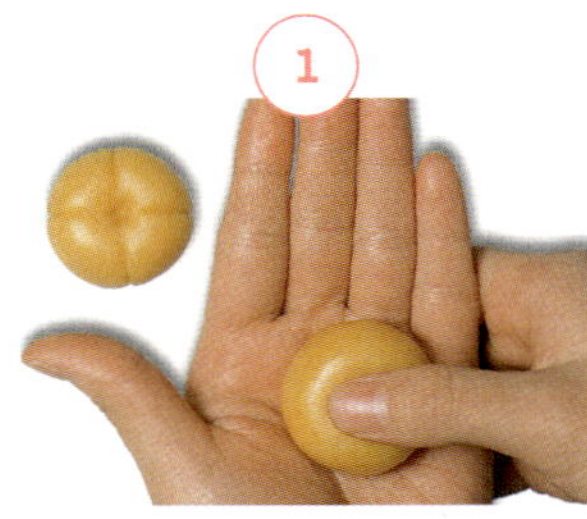

1 노란 반죽을 둥글넙적하게 빚은 다음 한가운데를 엄지손가락으로 꾹 누른다. 윗면에 랩을 씌우고 마지팬 스틱으로 눌러 꼭지 자리를 만든 후, 옆면에 세로로 4개의 홈을 낸다.

2 감잎을 만든다. 초록색 반죽을 얇게 밀어 편 후 네 잎짜리 꽃잎 모양틀로 찍어낸다. 이것을 두꺼운 비닐 사이에 끼우고 머리가 둥근 스틱으로 문지른다.

3 끝이 뾰족한 스틱으로 ②의 윗면에 잎맥을 새겨 넣는다.

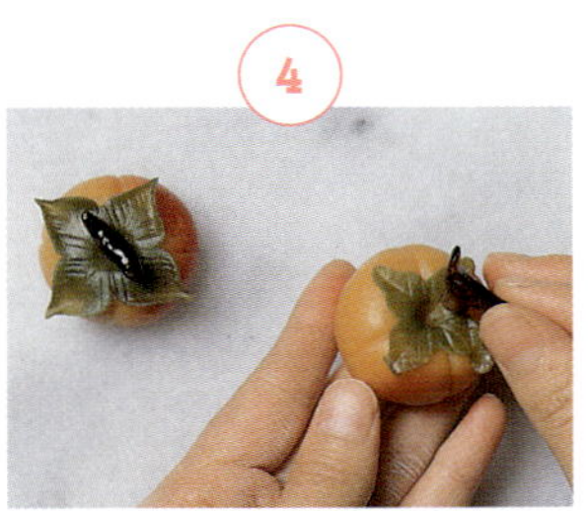

4 ③을 ①의 윗면에 붙이고 갈색 반죽으로 꼭지를 만들어 붙인 후 빨간색 색소를 부분부분 분사해 자연스러운 색을 입힌다.

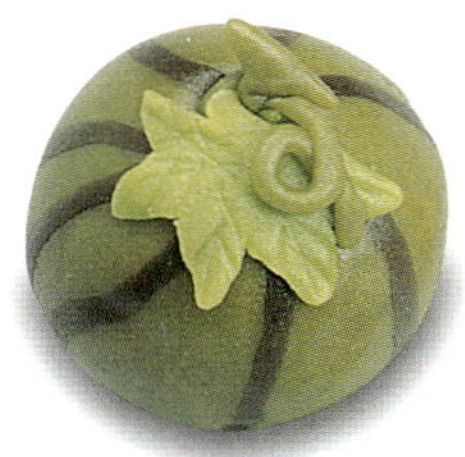

수박

1 초록색 반죽을 둥글넙적한 모양으로 빚어 수박 껍질을 만든다. 진한 쑥색 반죽을 가늘게 민 것을 붙여 수박의 줄무늬를 만든다.

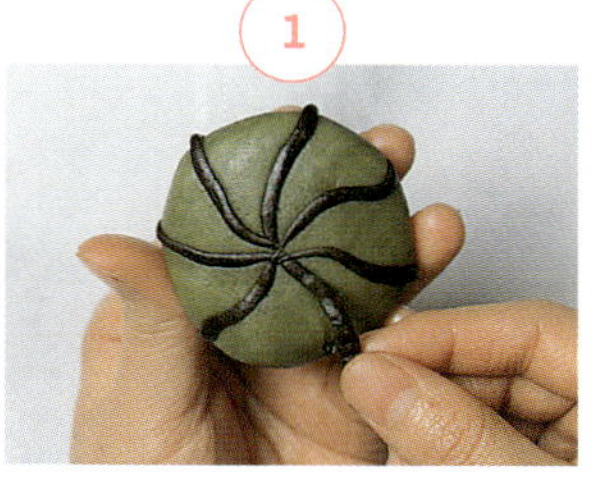

2 동그랗게 빚은 빨간색 반죽을 흰 반죽으로 감싼다.

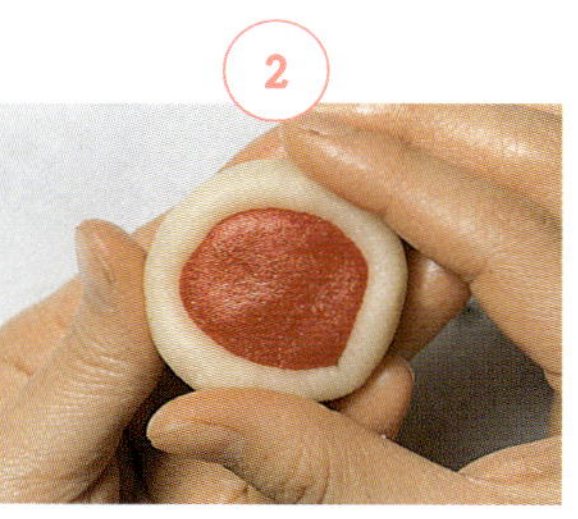

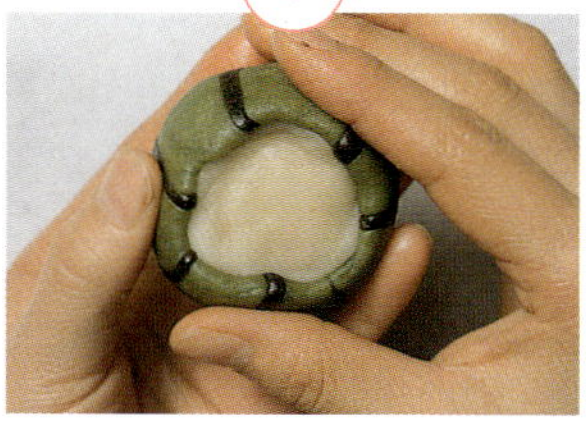

3 ②를 ①로 다시 한 번 감싼다.

4 ③의 윗면에 머리가 작고 둥근 봉으로 홈을 만들고 꼭지와 줄기, 잎을 각각 만들어 붙여 완성한다.

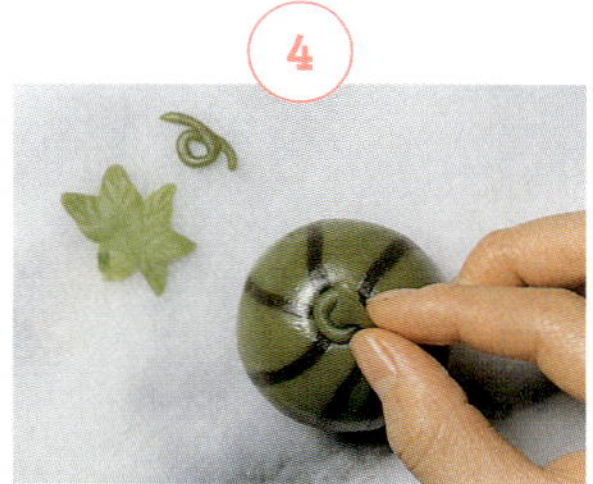

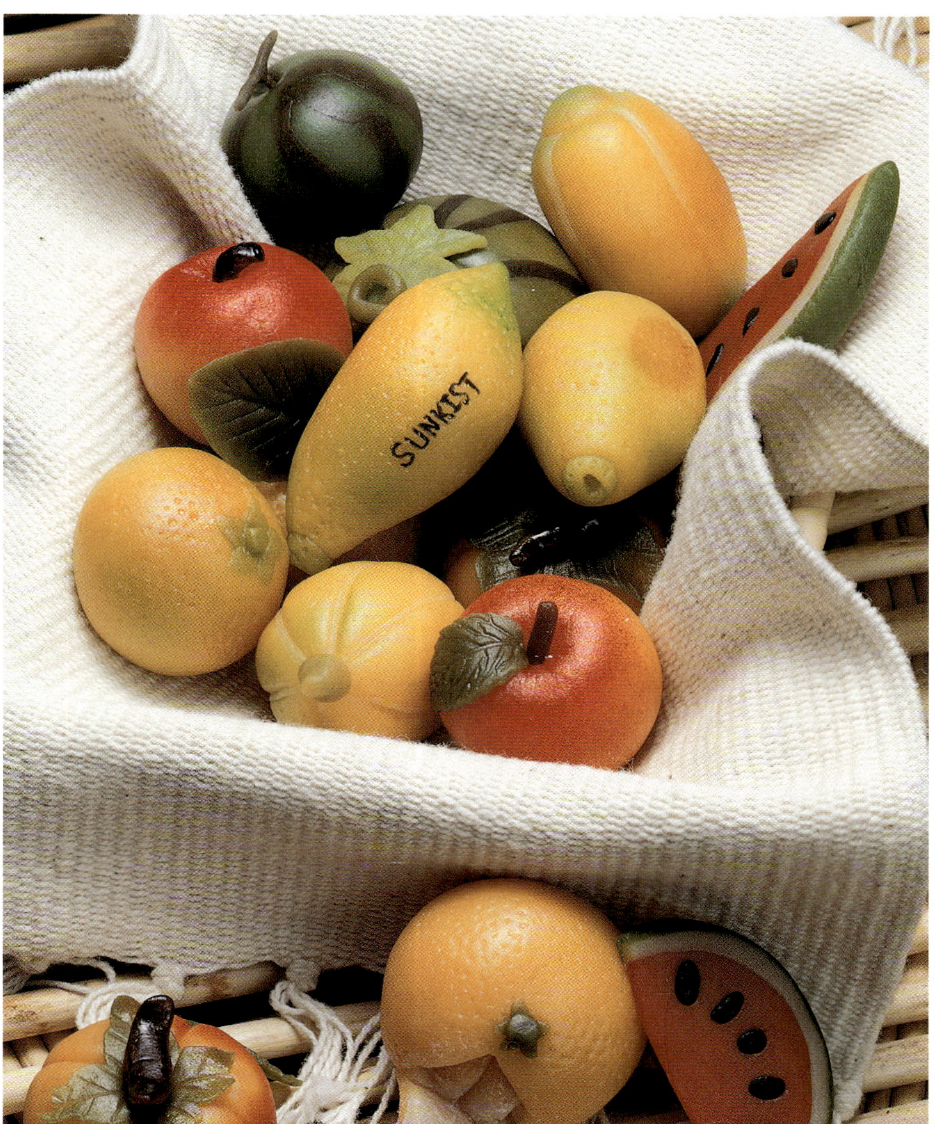

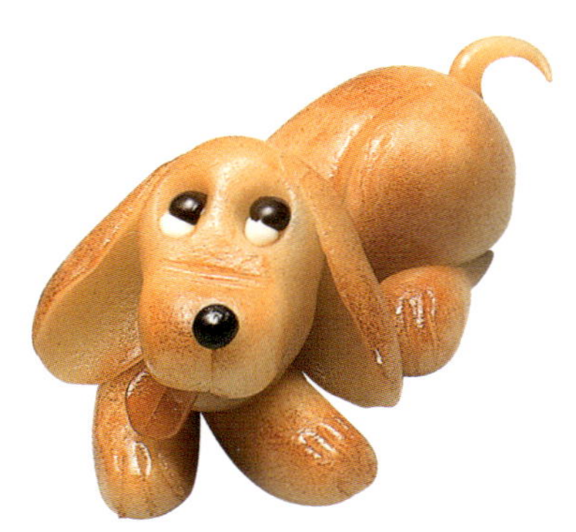

마지팬 동물 만들기

강아지 만들기

1 흰 반죽 60g으로 한쪽은 둥글고 한쪽은 길쭉한 모양의 몸통을 빚는다. 길쭉한 쪽의 한가운데를 길게 가른다.

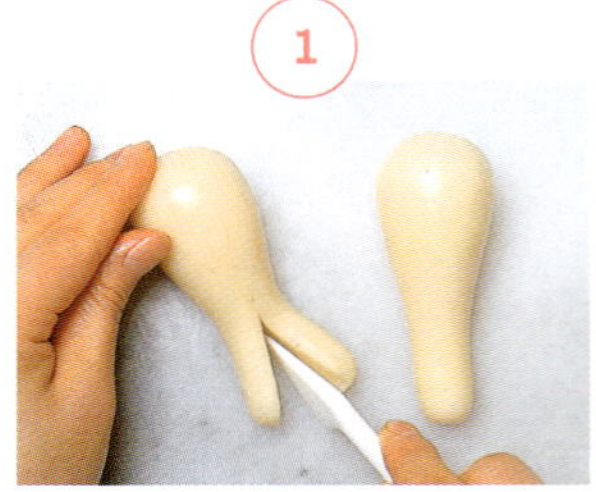

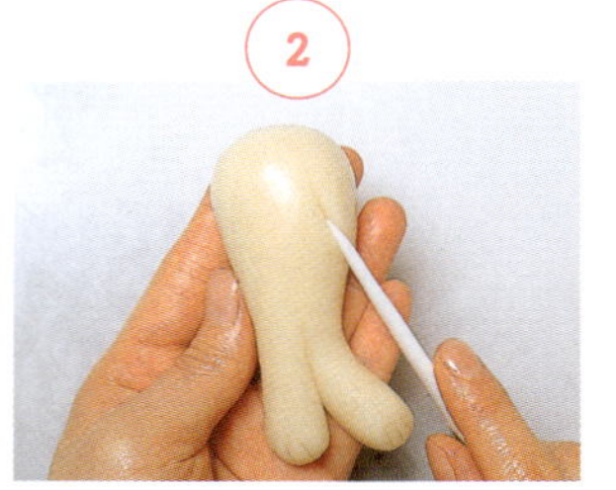

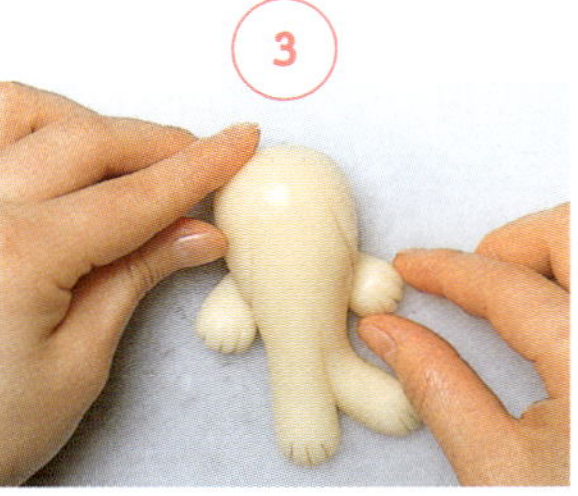

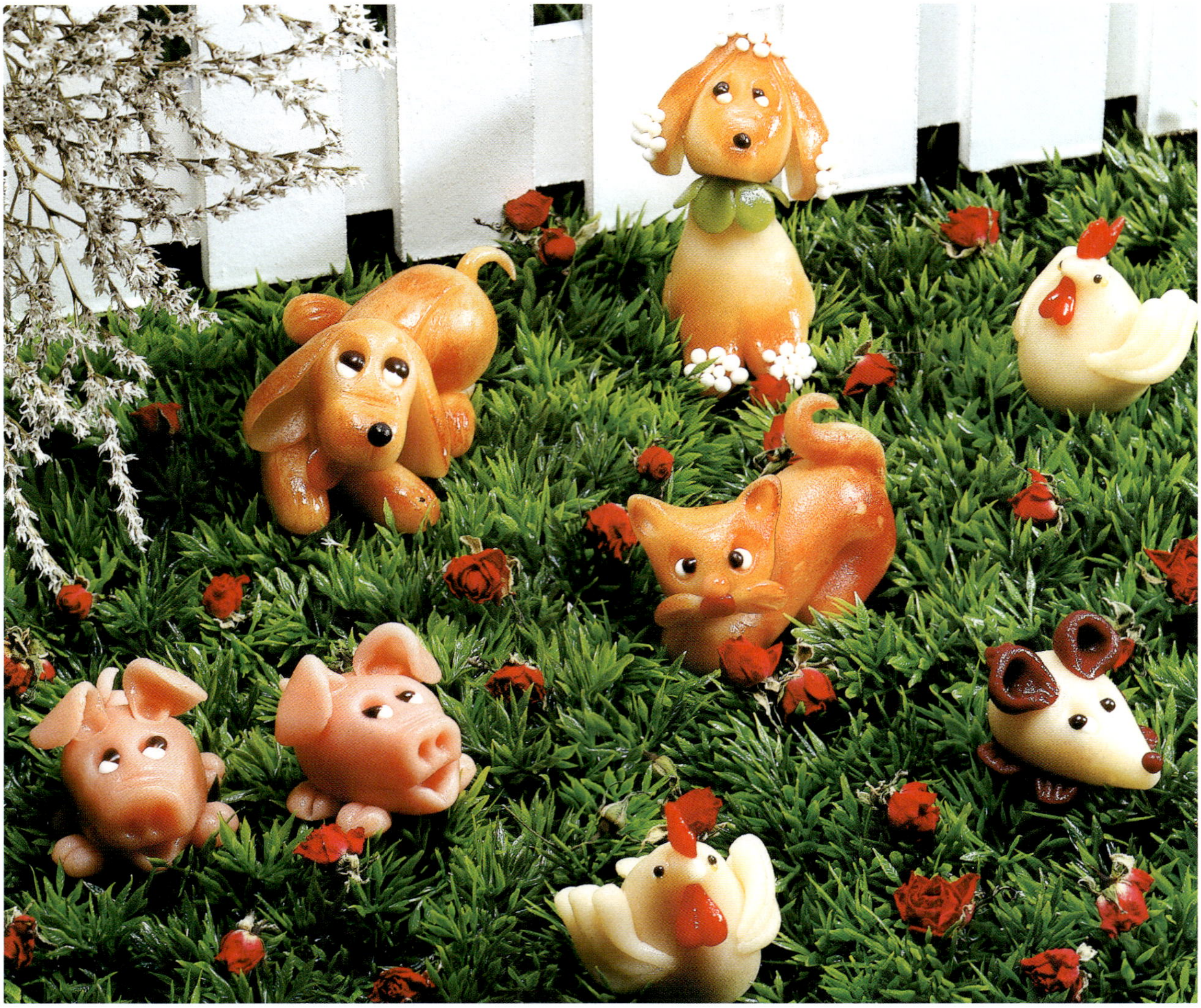

2 칼자국이 난 평평한 면이 바닥으로 오도록 안쪽으로 비틀어 모양을 잡고 발가락 모양을 내고 둥근 쪽에 뒷다리 허벅지 모양을 낸다.

3 뒷다리를 만들어 붙인다.

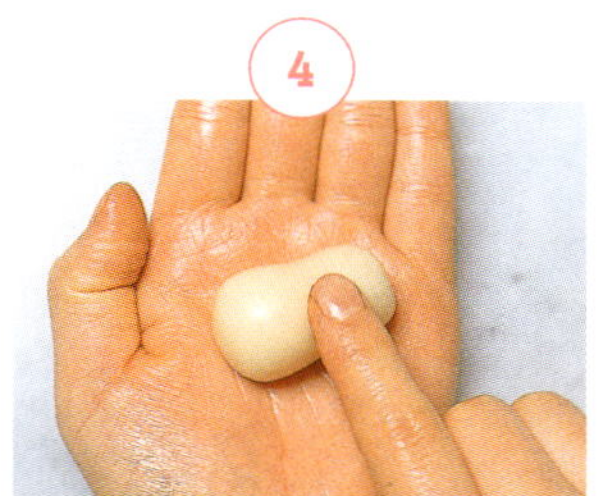

흰 반죽 20g으로 머리 모양을 빚는다.

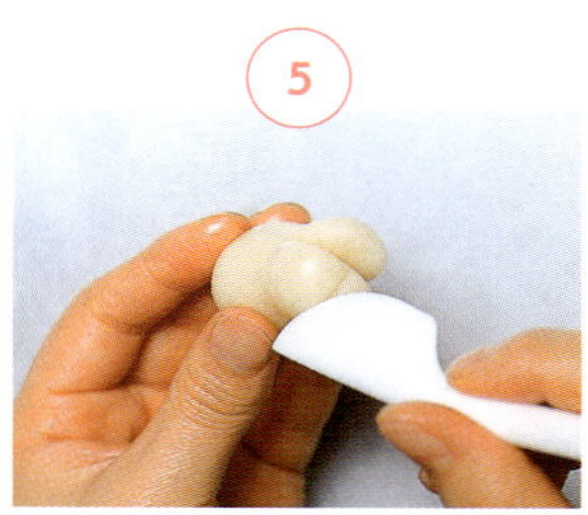

입을 가르고 윗부분에는 세로로 입술 자국을 낸다.

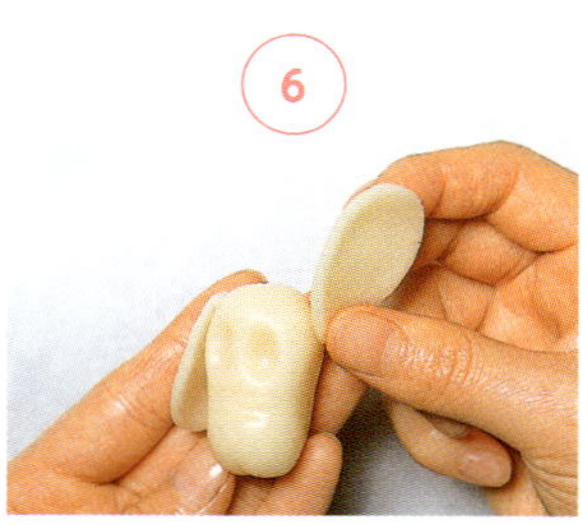

콧등에 주름 자국을 내고 눈 자국을 낸 다음 귀를 만들어 붙인다.

⑥을 몸통에 붙인다.

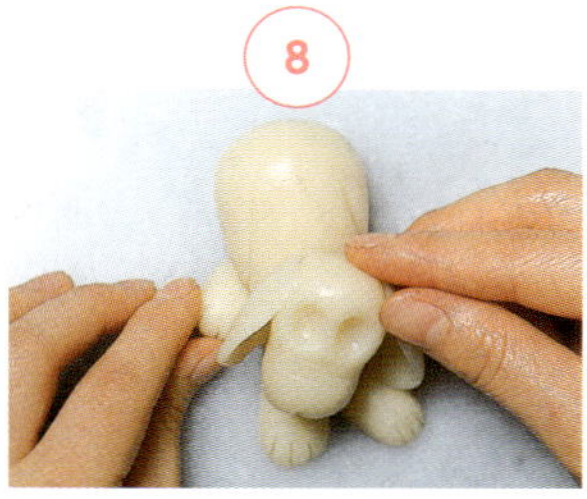

흰 반죽으로 꼬리를 만들어 붙이고, 까만 반죽과 빨간 반죽으로 각각 코와 혓바닥을 만들어 붙인다.

로열 아이싱과 가나슈로 눈을 그리고 에어브러시로 색을 입혀 마무리한다.

닭 만들기

흰 반죽 30g을 원추형으로 둥글린 후 끝부분을 뾰족하고 휘듯이 잡아빼 몸통을 빚는다.

점점 두꺼워지도록 늘인 흰 반죽을 3개씩 붙여 날개를 만든다.

날개를 몸통에 붙이고 꼬리를 만들어 붙인다.

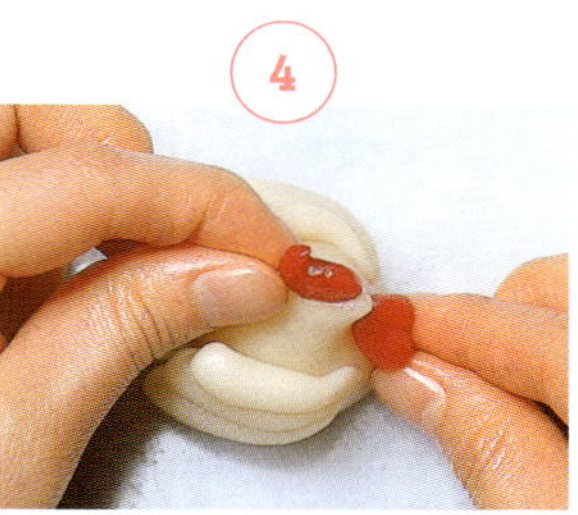

빨간 반죽으로 벼슬을 만들어 붙인다.

검은 반죽으로 눈을 만들어 붙인다.

① 흰 반죽 50g을 원통형으로 빚은 후 끝을 구부려 붙인다.

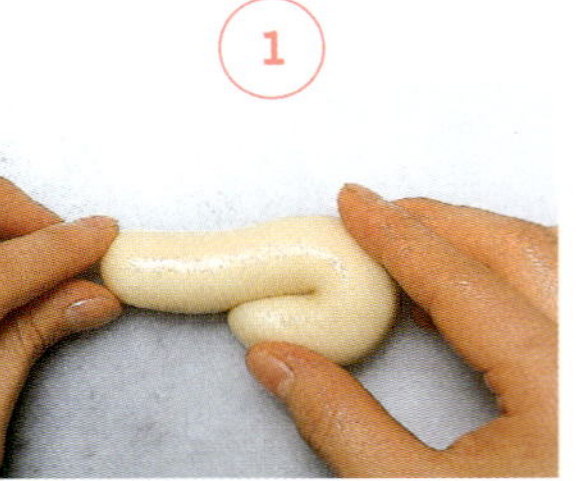

② 흰 반죽으로 꼬리를 만들어 붙인다.

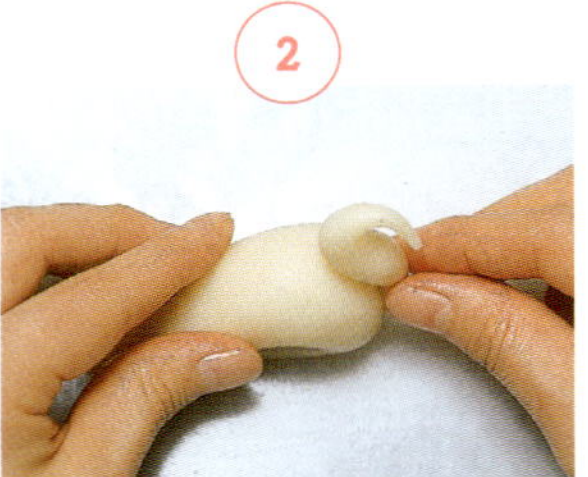

③ 고양이 얼굴을 빚는다. 15g의 흰 반죽을 동글납작하게 빚은 후 윗부분의 양쪽을 잡아빼 귀를 만든다.

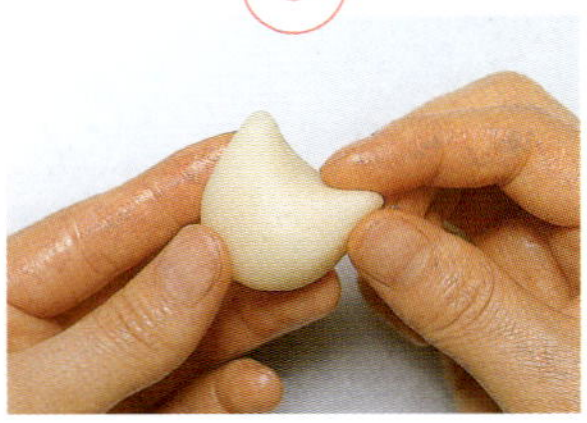

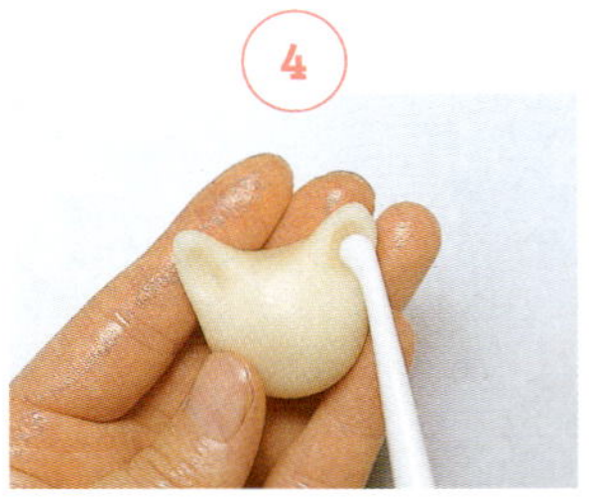

④ 머리가 둥근 봉으로 귀와 눈 부분을 눌러 홈을 만든다.

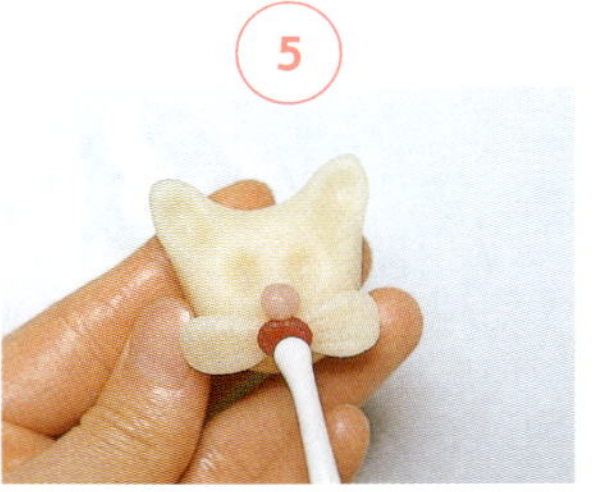

⑤ 흰 반죽과 분홍색 반죽, 빨간색 반죽으로 각각 수염과 코, 입을 만들어 붙인다.

⑥ 머리를 몸통에 붙이고 로열 아이싱과 가나슈로 눈을 그린 다음, 에어브러시로 색을 입혀 마무리한다.

① 흰 반죽 42g으로 몸통을 빚는다. 이 때 앞쪽은 넓적하게 잡아빼고(앞다리 부분), 뒷쪽은 뾰족하게 잡아뺀다(꽁지 부분).

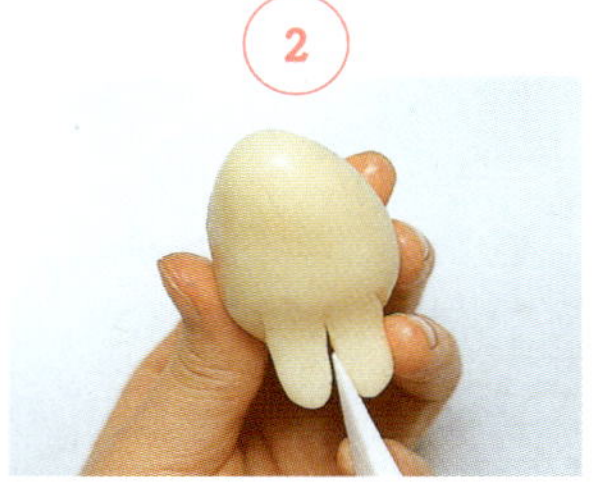

② ①의 앞다리 부분을 반으로 가른다.

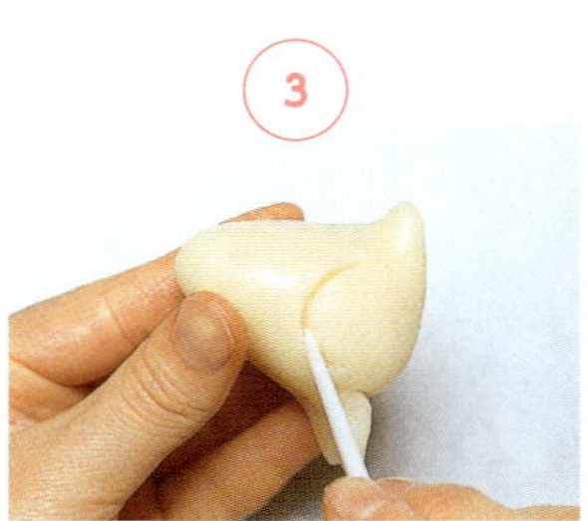

③ ②의 옆부분에 뒷다리 허벅지 모양을 낸다.

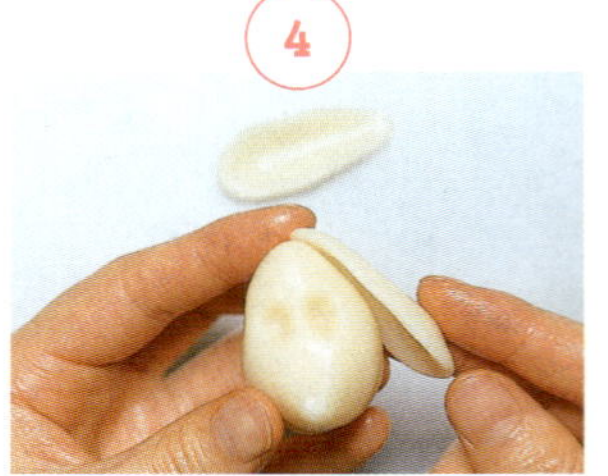

④ 20g의 흰 반죽으로 머리 모양을 빚은 후 코를 뾰족하게 잡아빼고, 입 모양을 낸다. 여기에 눈 자국을 내고 귀를 만들어 붙인다.

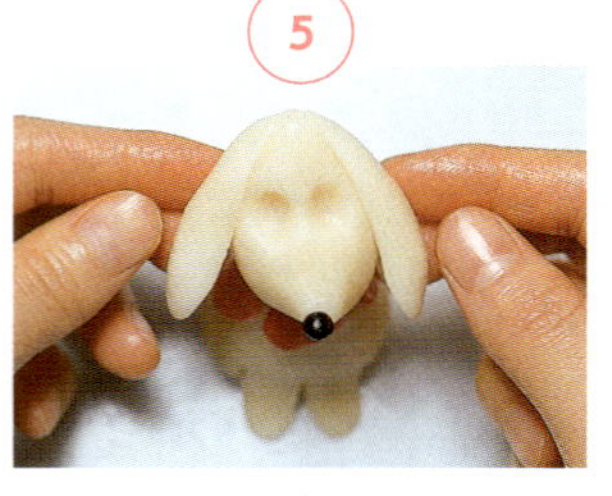

⑤ ④를 몸통에 붙인다.

⑥ 로열 아이싱과 가나슈로 눈을 그리고 에어브러시로 색을 입힌다. 그리고 슈거 플라워 반죽을 은단 크기로 둥글려 말린 것을 머리와 꼬리, 발 부분에 붙여 마무리한다.

곰 만들기

1

갈색 반죽 42g을 둥글려 몸통을 빚고, 흰 반죽을 얇게 밀어 펴 배 한가운데에 붙인다.

2

팔과 다리를 만들어 붙인다.

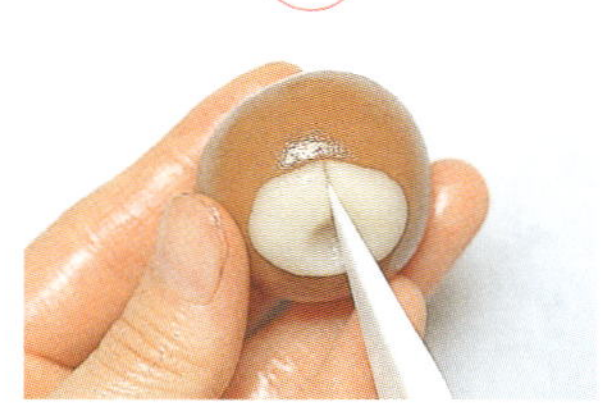

3

25g의 갈색 반죽으로 머리를 빚고, 얇게 밀어 편 흰 반죽을 입 부분에 붙인다. 그 한가운데에 홈을 내 입을 만들고 윗 입술을 가른다.

4

눈 자국을 내고 갈색 반죽과 검은색 반죽으로 각각 귀와 코를 만들어 붙인다.

5

④를 ②의 몸통에 붙이고 로열 아이싱과 가나슈로 눈을 그려 완성한다.

갈색 반죽 60g으로 원추형의 몸통을 빚는다.

끝부분을 뾰족하게 휘듯이 잡아 빼 코 모양을 잡는다.

코 밑부분을 가로로 갈라 입 모양을 낸다.

②의 코를 중심으로 양쪽에 눈 모양을 낸다.

세공용 가위로 가위밥을 넣어 털을 세운다.

발을 만들어 붙인다.

로열 아이싱과 가나슈로 눈을 그린다.

연두색 반죽 42g으로 몸통을 빚고 흰 반죽을 얇게 밀어 펴 배 부분에 붙인다.

개구리 다리를 만들어 양 옆에 붙인다.

납작하고 발가락 끝이 동글동글한 개구리 발을 만든다.

②에 개구리 발을 붙인다.

18g의 연두색 반죽으로 동글납작한 모양의 머리를 빚고 옆면에 가로로 입을 가른 다음 아랫입술을 벌려 모양을 다듬는다. 윗입술 부분에 콧구멍 자국을 낸다.

⑤에 눈두덩을 만들어 붙인 후 머리를 ④의 몸통에 붙인다. 로열 아이싱과 가나슈로 눈을 그려 마무리한다.

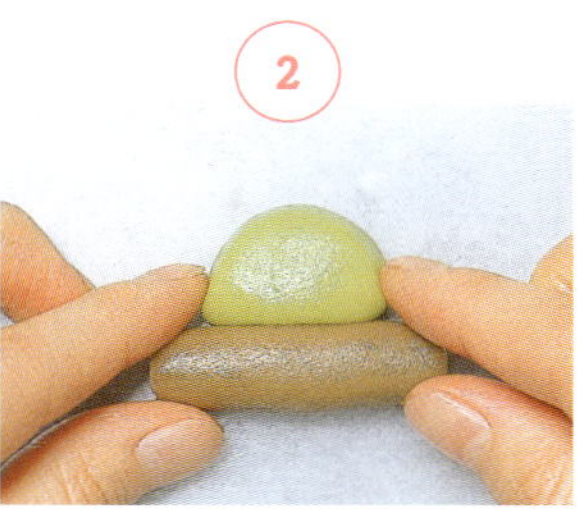

1. 원통 모양의 흰 반죽을 얇게 밀어 편 갈색 반죽으로 만다.

2. 연두색 반죽으로 반원형의 받침을 만들어 ①에 붙인다.

3. 50g의 연두색 반죽으로 몸통을 빚는다.

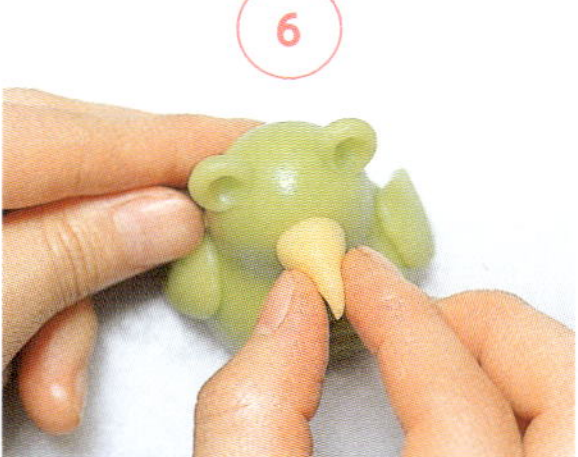

4. 날개를 만든 후 반원 모양의 스틱으로 날개와 가슴에 깃털 모양을 낸다.

5. 날개를 몸통에 붙이고 눈두덩을 만들어 붙인다.

6. 노란색 반죽으로 부리를 만들어 붙인다.

7. 체에 내린 연두색 반죽을 머리 윗부분에 붙인다.

8. ⑦을 ②에 붙이고 갈색 반죽으로 발을 만들어 붙인다. 로열 아이싱과 가나슈로 눈을 그린다.

여우 만들기

1. 진한 갈색 반죽과 연한 갈색 반죽 42g으로 몸통을 빚는다.

2. 연한 갈색 반죽 18g으로 코 끝이 뾰족하고 귀가 쫑긋한 모양의 머리를 빚는다.

3. 귀와 눈 부분에 홈을 낸다.

가로로 입 모양을 가르고 아랫입술 부분을 잡아당겨 모양을 다듬는다.

진한 갈색 반죽을 밀어 펴고 털 모양을 갈라 꼬리를 만든다.

⑤의 꼬리를 몸통에 붙이고 로열 아이싱과 가나슈로 눈을 그린다.

캥거루 만들기

1

연한 주황색 반죽 42g으로 몸통을 빚고 다리 모양을 낸다.

2

연한 주황색 반죽을 얇게 밀어 펴 ①의 한가운데에 주머니를 만들어 붙인다.

3

새끼 머리를 만든다. 입이 뾰족한 모양의 머리를 빚고 귀를 만들어 붙인다. 까만 반죽을 은단 크기로 둥글려 눈과 코를 붙인다.

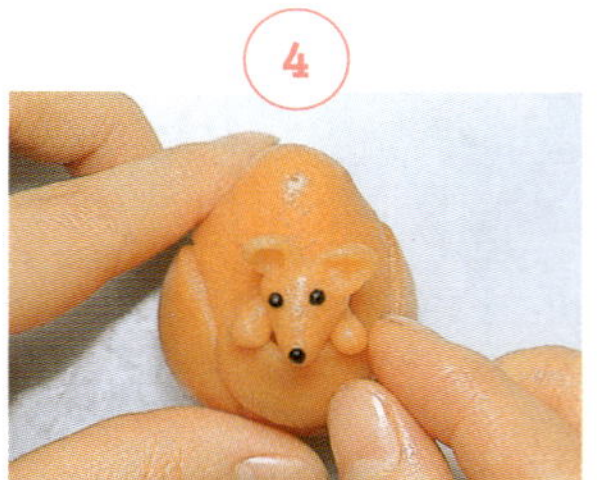

4

③을 ②의 주머니 위에 붙이고, 앞발을 만들어 붙인다.

5

어미 캥거루의 발과 꼬리를 만든다.

6

⑤의 발과 꼬리를 몸통의 각 부분에 붙인다.

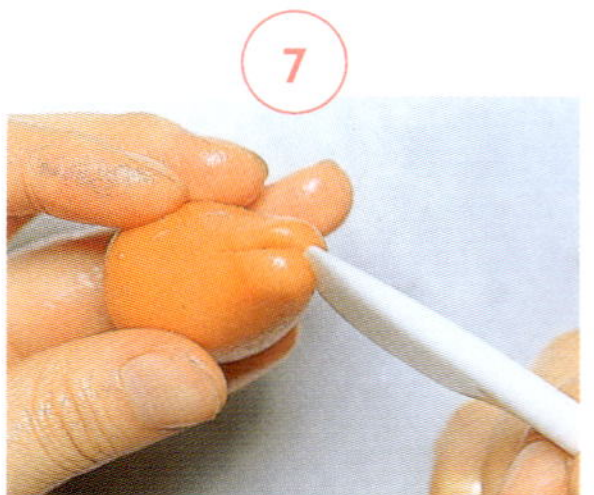

7

연한 주황색 반죽 18g으로 어미 캥거루의 머리를 빚고 입을 가른다.

8

눈 부분에 홈을 내고 까만 반죽과 연한 주황색 반죽으로 각각 코와 귀를 만들어 붙인다. 이것을 ⑥의 몸통에 붙이고 로열 아이싱과 가나슈로 눈을 그려 완성한다.

갈색 반죽으로 몸통을 빚고 다리 모양을 낸다.

발을 만들어 붙인다.

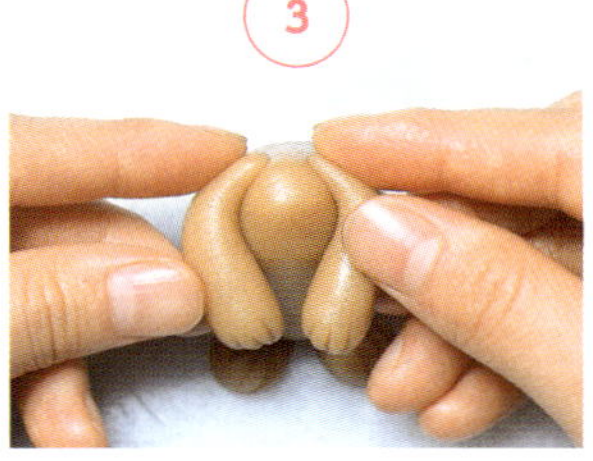

팔을 만들어 붙안다.

머리를 빚은 후 수염 자국과 코 모양을 내고 입 모양을 가른다.

눈 자국을 내고 흰 반죽으로 이빨을 만들어 붙인다.

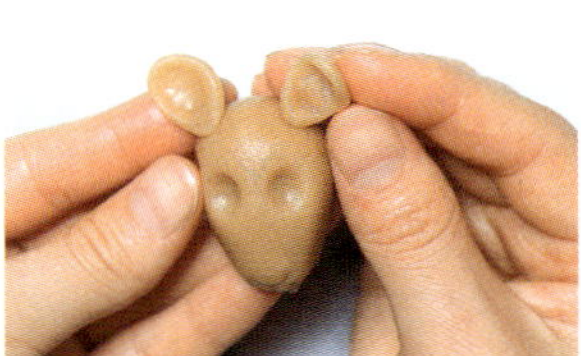

귀를 만들어 붙인다.

갈색 반죽을 길게 민 것을 둥글게 말아 꼬리를 만든다.

도토리를 만든다. 갈색 반죽으로 도토리 모양을 만들고 진한 밤색 반죽으로 갓을 만들어 씌운다. 갓 부분에 점을 꼭꼭 찍어 무늬를 낸다.

⑧의 도토리를 ⑦의 팔 위에 얹고 머리와 꼬리를 붙인다. 로열 아이싱과 가나슈로 눈을 그려 완성한다.

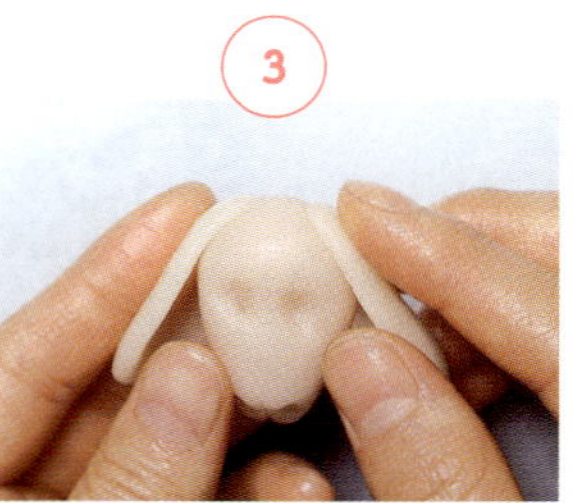

① 옅은 분홍색 반죽으로 앞발은 앞발끼리 뒷발은 뒷발끼리 하나로 이어진 발을 만든다.

② 머리를 빚은 다음 눈과 콧구멍 자국을 내고 입 모양을 가른다.

③ 흰 반죽과 옅은 분홍색 반죽을 한데 겹치고 얇게 밀어 펴 귀를 만든다. 흰 반죽이 겉으로 나오도록 ②의 머리 양 옆에 붙인다.

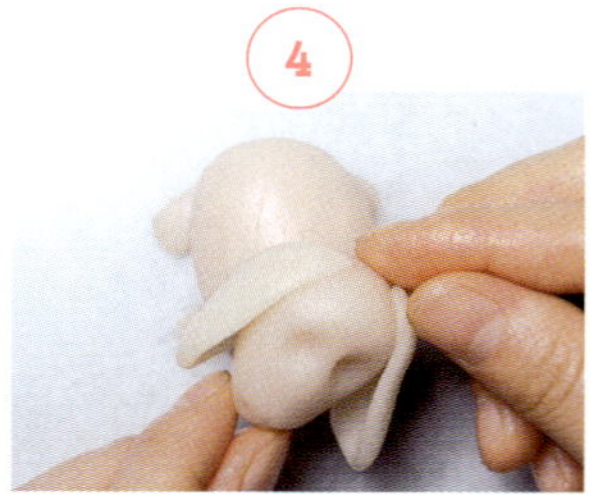

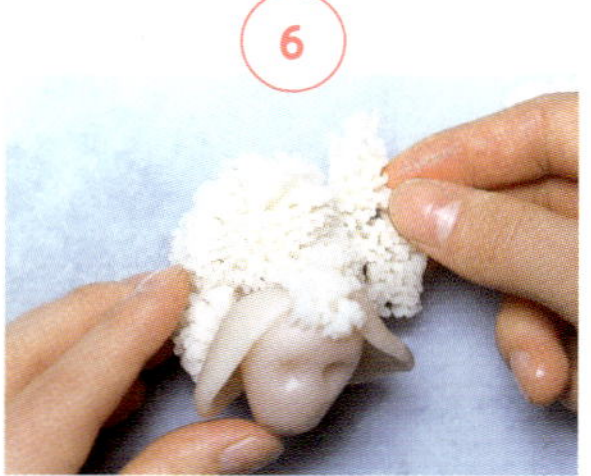

④ 옅은 분홍색 반죽으로 몸통을 빚어 ①의 발 위에 얹고 ③의 머리를 붙인다.

⑤ 흰 반죽을 체에 내려 양털을 만든다.

⑥ ⑤를 ④에 붙이고 로열 아이싱과 가나슈로 눈을 그려 마무리한다.

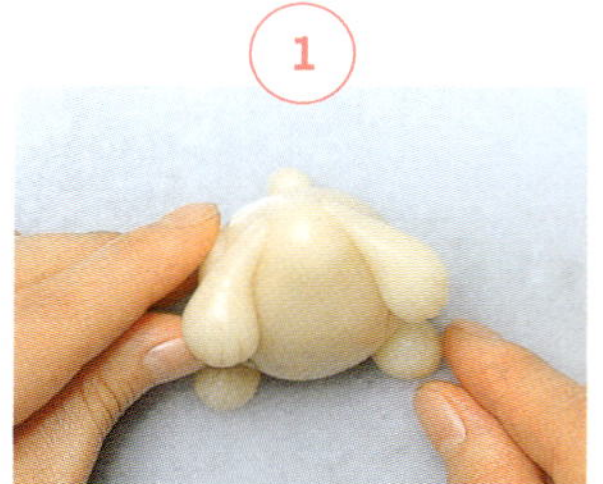

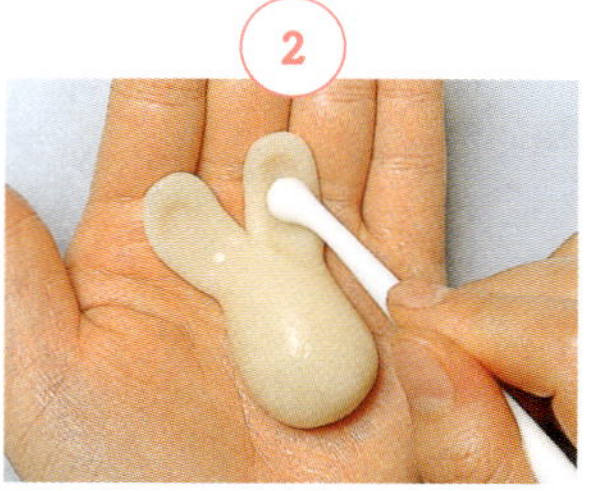

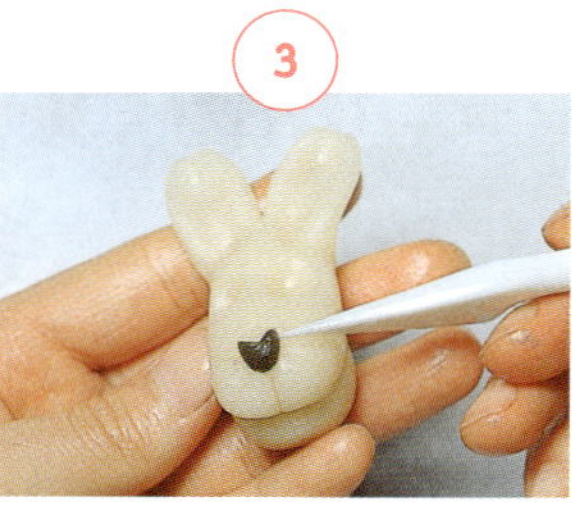

① 흰 반죽 42g으로 몸통을 빚고 다리 모양을 낸다. 발과 꼬리를 만들어 붙인다.

② 20g의 흰 반죽으로 머리를 만든다. 반죽을 갸름한 모양으로 빚고 한쪽을 납작하게 밀어 가운데를 가른다. 끝이 둥근 봉으로 문질러 귀 모양을 잡는다

③ 입 모양을 가로세로로 가르고 까만 반죽으로 코를 만들어 붙인다. 눈 부분에 홈을 내고 코를 중심으로 해서 수염을 그린다.

④ 흰 반죽으로 네모난 모양의 이빨을 만들어 붙인다.

⑤ ④를 ①의 몸통에 붙인다.

⑥ 에어브러시로 색을 입히고 로열 아이싱과 가나슈로 눈을 그린다.

마지팬 인형 만들기

삐에로

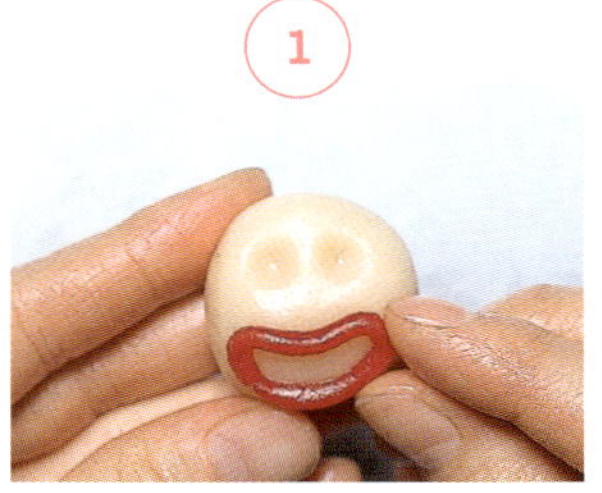

살색 반죽으로 얼굴을 빚고 눈과 입 자국을 낸다. 그리고 빨간 반죽으로 입술을 만들어 붙인다.

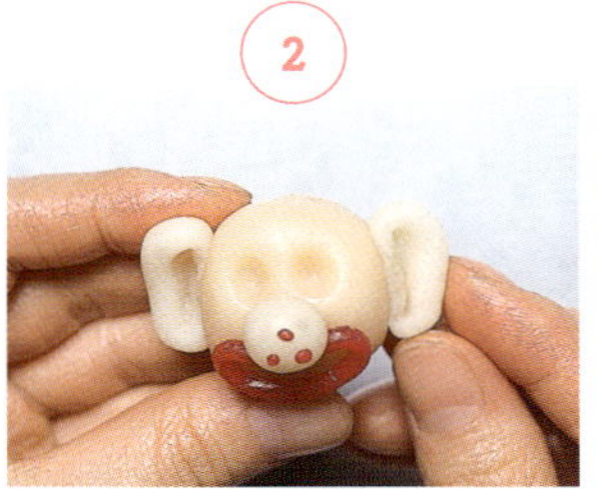

흰 반죽으로 빨간 점박이가 있는 코와 귀를 만들어 붙인다.

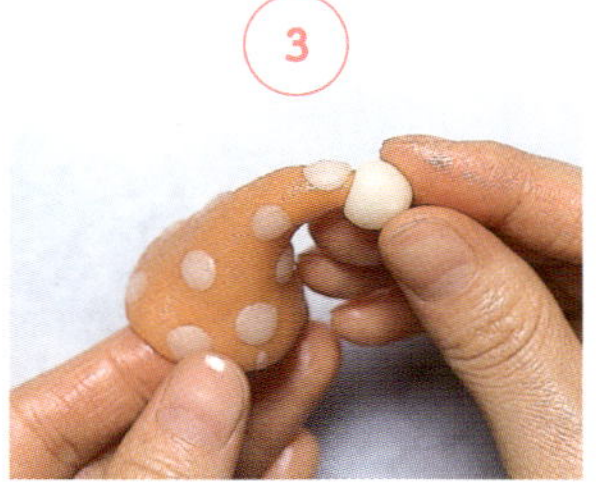

주황색 반죽으로 고깔 모자를 만들고 흰 물방울 무늬를 만들어 넣는다. 흰 반죽으로 방울을 만들어 모자 끝에 붙인다. 이것을 ②에 씌운다.

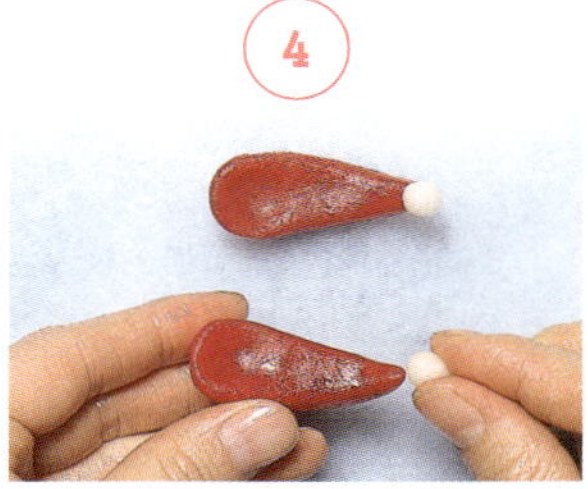

빨간 반죽으로 코가 **뾰족**한 피에로 신발을 만든다. 흰 반죽으로 방울을 만들어 신발 코 끝에 붙인다.

주황색 반죽으로 팔과 다리를 만들고 흰 물방울 무늬를 만들어 넣는다.

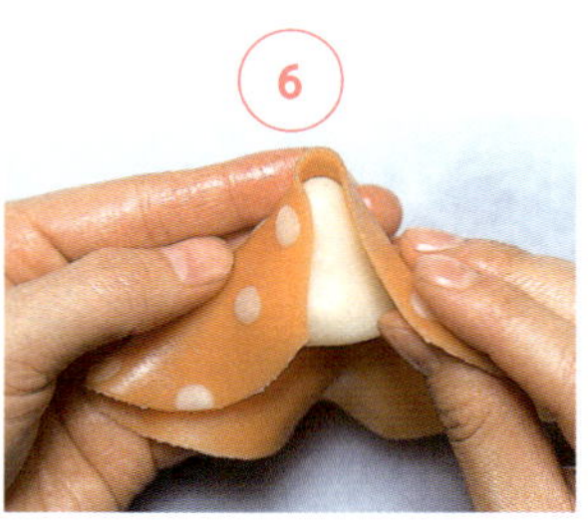

흰 반죽으로 원추 모양의 몸통을 빚고 흰 물방울 무늬를 넣은 주황색 반죽을 얇게 밀어 편 것으로 감싼다.

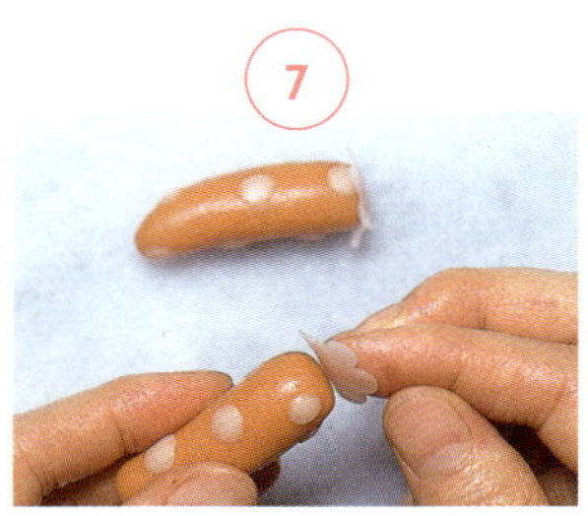

얇게 밀어 편 연분홍 반죽을 작은 꽃 모양틀로 찍어낸 후, ⑥의 팔 소매 끝에 붙인다.

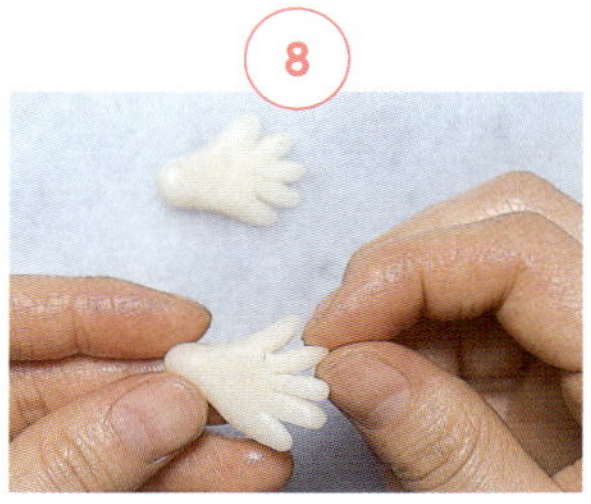

흰 반죽으로 손을 만들어 ⑦에 붙인다.

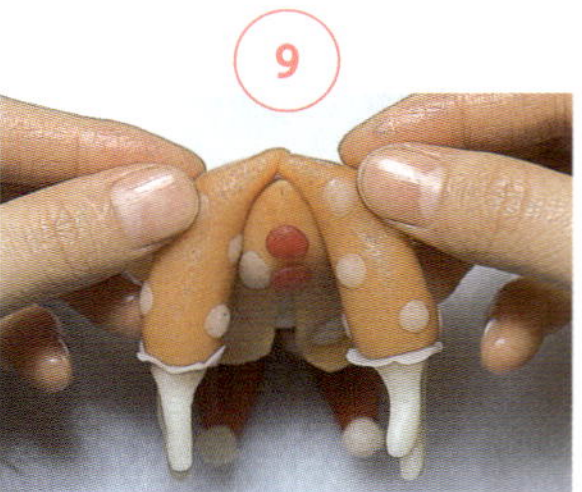

④의 신발 위에 다리와 몸통과 팔을 밑에서부터 차례대로 붙여 나간다.

③의 머리를 붙이고 로열 아이싱과 가나슈로 눈을 그려 마무한다.

진한 갈색 반죽으로 신발 앞부분을 만들고 뒷굽을 만들어 붙인다.

파란색 반죽으로 다리를 만들고 하늘색 반죽으로 바지단을 만들어 두른다.

파란색 반죽으로 삼각형 모양의 몸통을 만들고 하늘색 반죽으로 주머니 모양을 만들어 붙인다. ①위에 ②와 ③을 차례로 붙인다.

몸통과 다리의 이음새 부분에 파란색 반죽으로 허리띠를 만들어 붙인다.

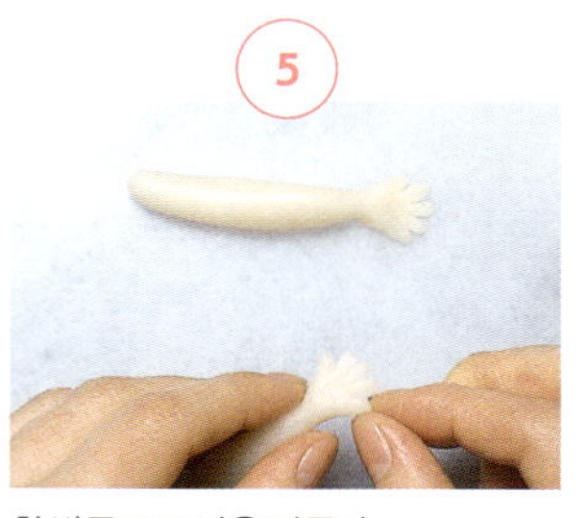

흰 반죽으로 팔을 만든다.

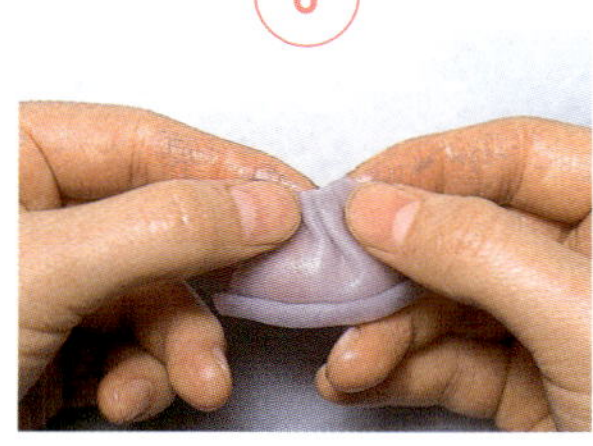

하늘색 반죽을 얇게 밀어 편 후 아랫단을 두 번 접고, 윗부분은 세로로 주름을 잡는다.

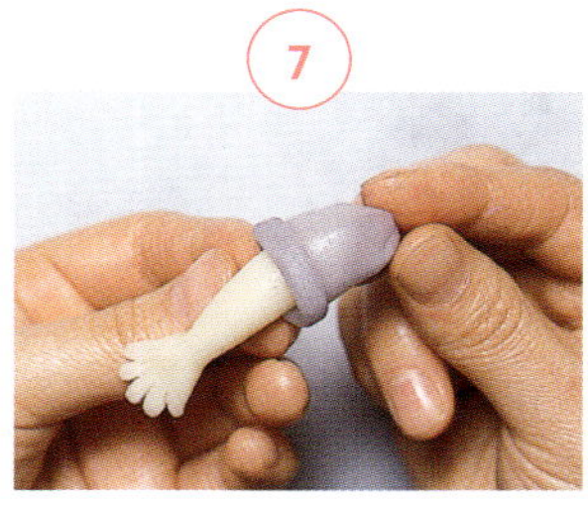

⑥을 ⑤의 윗부분에 감아 붙인다.

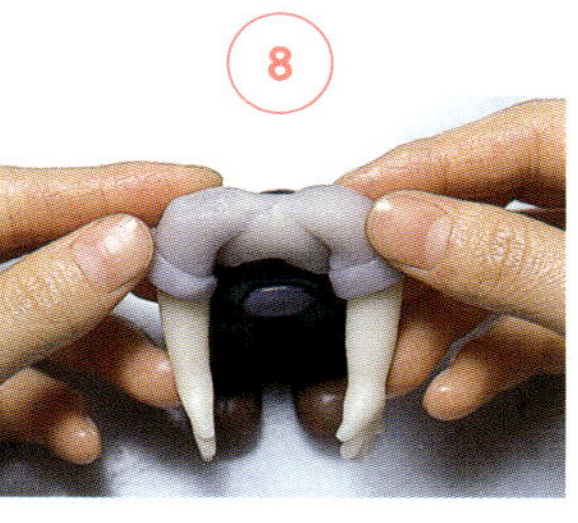

흰 반죽으로 가슴 부분을 만들고 얇게 밀어편 하늘색 반죽으로 감싼다. 이것을 ④에 붙이고, ⑦의 팔을 양쪽에 붙인다.

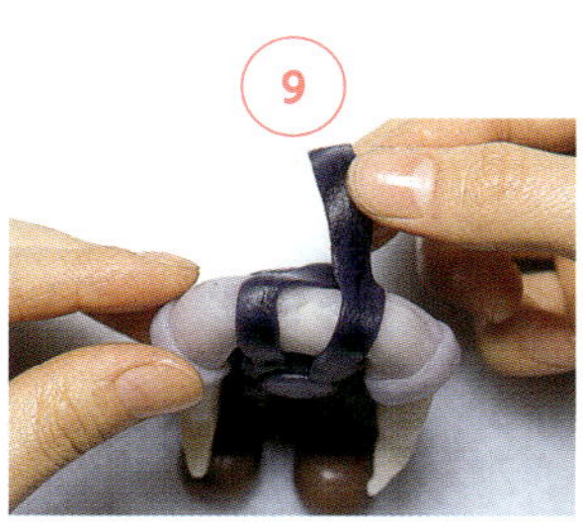

파란색 반죽으로 어깨 끈을 만들어 붙인다.

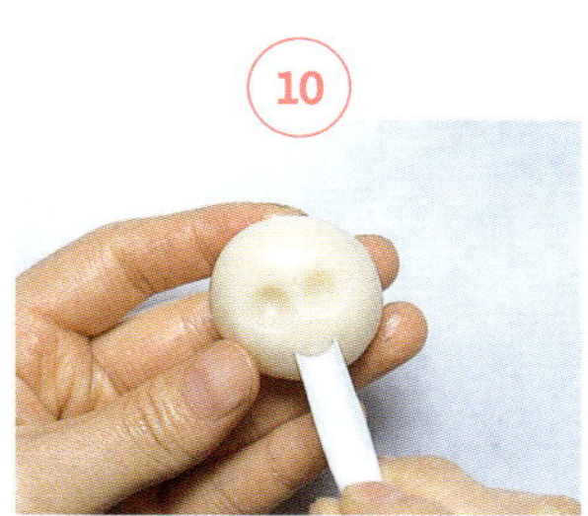

흰 반죽으로 얼굴을 빚고 눈과 입모양을 내고 귀를 만들어 붙인다.

진한 갈색 반죽으로 머리카락을 만들어 붙인다.

노란색 반죽으로 모자를 만든다.

⑪에 모자를 씌우고 이것을 ⑨의 몸통에 붙인 후 로열 아이싱과 가나슈로 눈을 그려 완성한다.

소녀

①~⑩번까지 소년과 만드는 방법이 같다.

가늘고 길게 늘인 진한 갈색 반죽 세가닥을 꼬아 길게 땋아 내린 머리카락을 만들고 빨간색 반죽으로 방울을 만들어 붙인다. 이것을 ⑩의 머리에 붙인다.

⑫~⑬번까지는 소년과 만드는 방법이 같다.

신랑

1

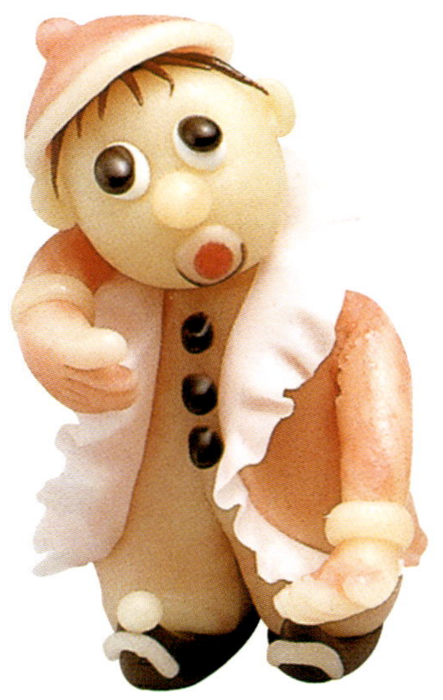

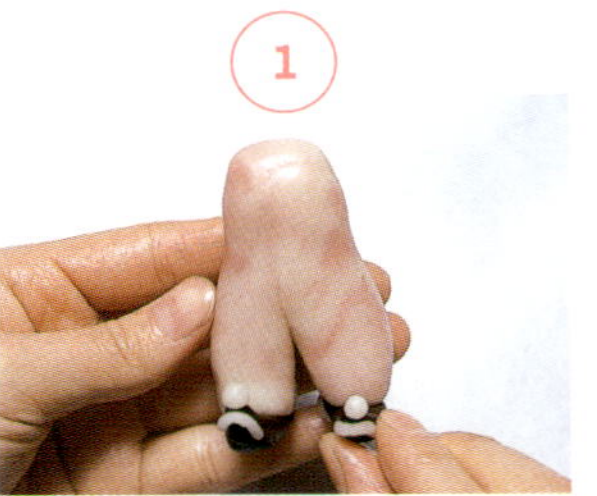

흰 반죽과 분홍색 반죽으로 마블 반죽을 만든 후 몸통 모양을 빚는다. 갈색 반죽으로 신발을 만들어 붙이고, 흰 반죽으로 모양을 낸다.

2

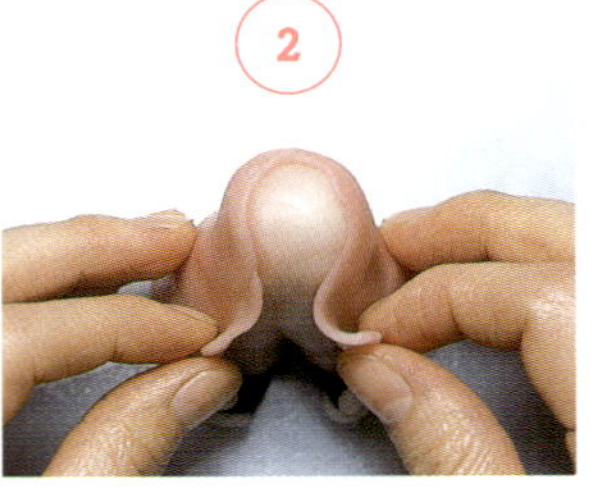

진한 분홍색 마블 반죽을 얇게 밀어 펴 몸통에 두른다.

3

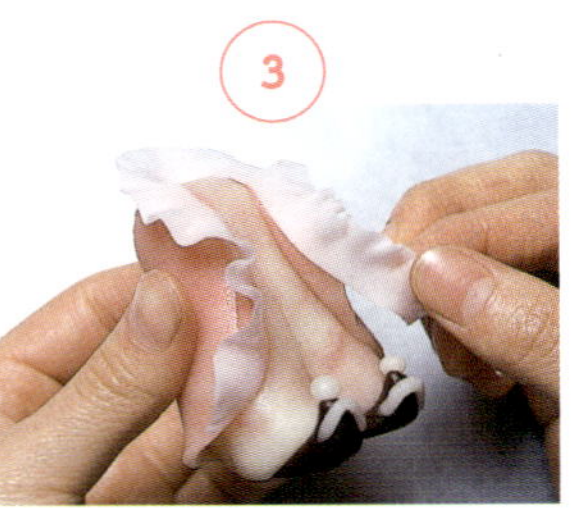

연한 분홍색 반죽을 띠 모양으로 얇게 밀어 펴 프릴을 준다. 이것을 ②의 옷 가장자리에 붙인다.

4

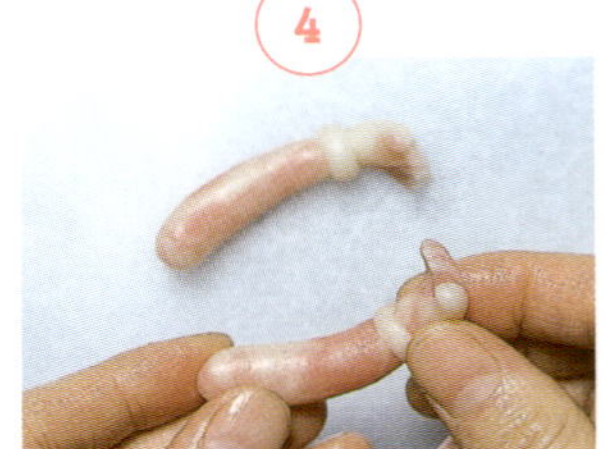

진한 분홍색 마블 반죽으로 팔을 만든 후 흰 반죽으로 팔목에 테두리를 붙이고, 손을 만들어 붙인다.

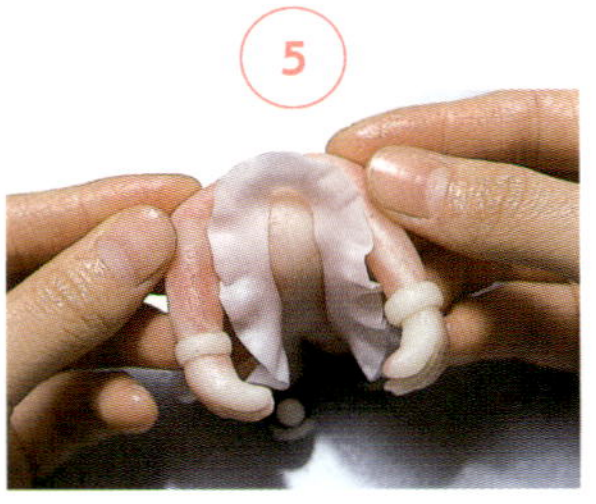

5

④의 팔을 ③의 몸통에 붙인다.

6

흰 반죽으로 얼굴을 빚고 눈 자국을 낸다. 코와 귀를 만들어 붙이고, 분홍색 반죽과 빨간색 반죽으로 입을 만들어 붙인다.

7

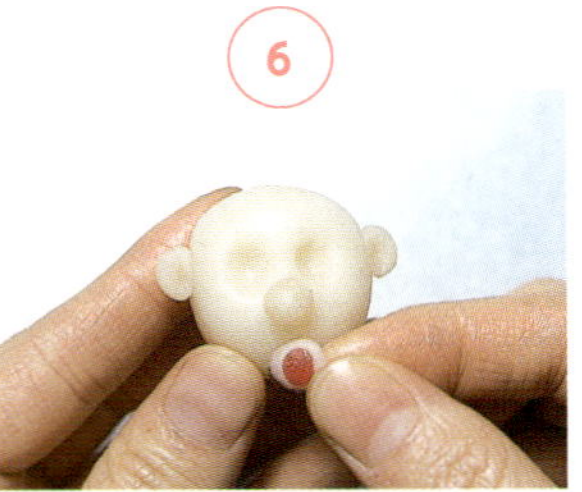

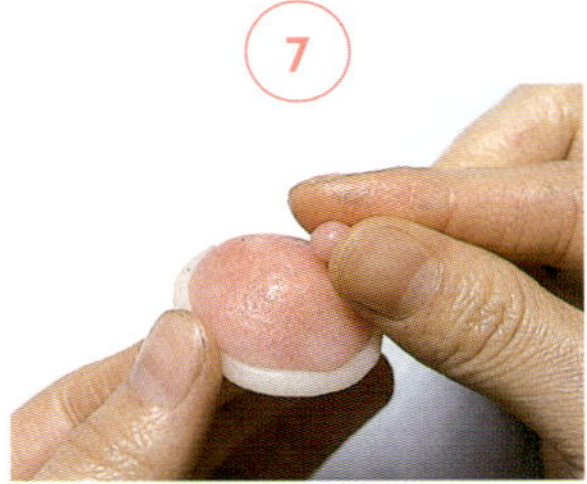

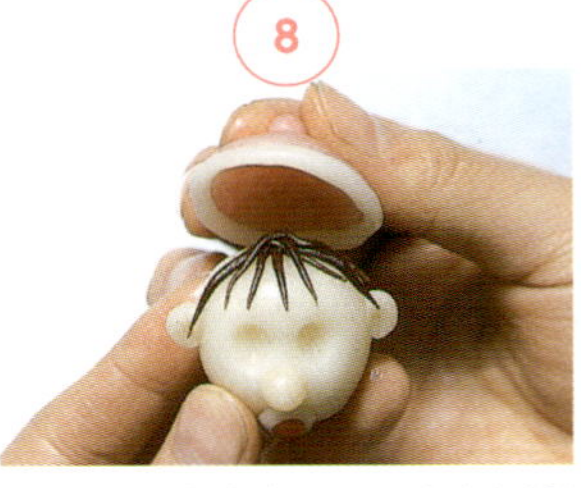

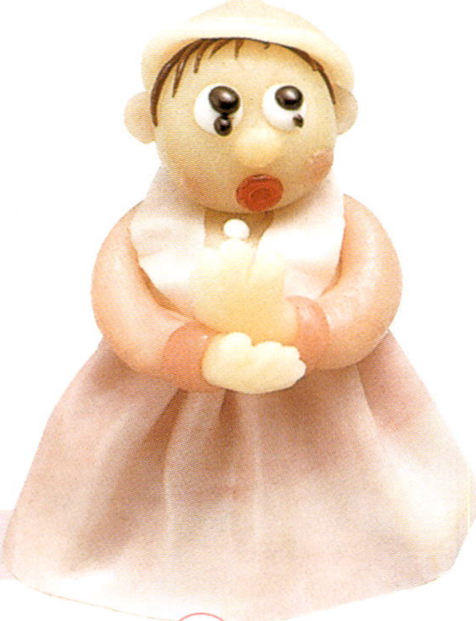

웃옷을 만든 것과 같은 마블 반죽으로 모자를 만든다. 흰 반죽으로 테두리를 하고, 분홍색 마블 반죽으로 방울을 만들어 붙인다.

8

⑥에 진한 갈색 반죽으로 머리카락을 만들어 붙이고 ⑦의 모자를 씌운다.

9

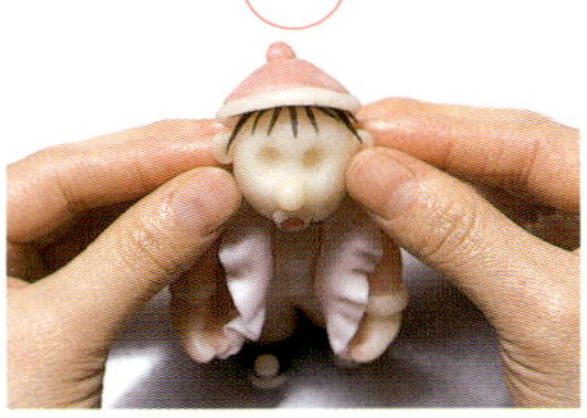

⑧을 ⑤의 몸통에 붙이고 로열 아이싱과 가나슈로 눈을 그린다.

신부

1

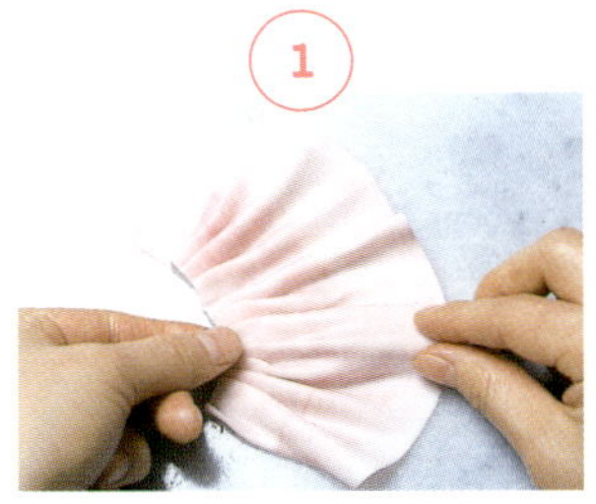

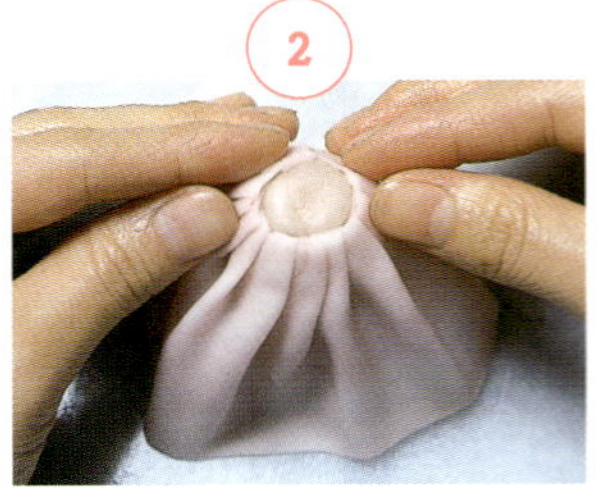

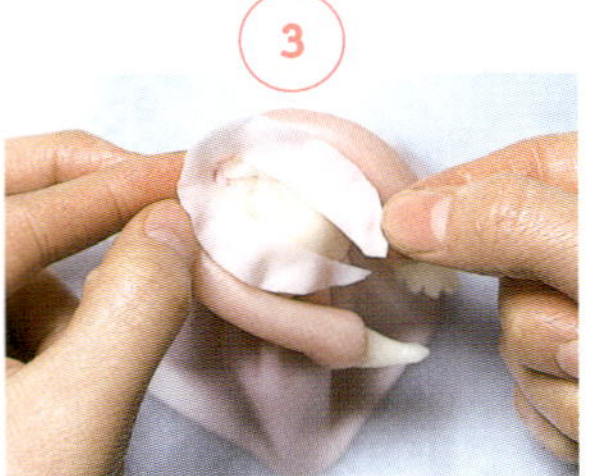

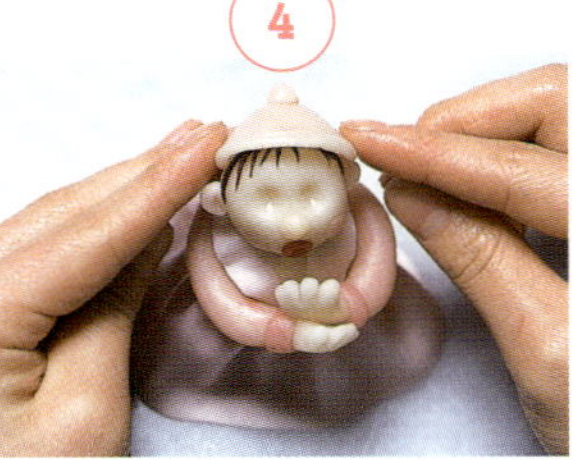

분홍색 마블 반죽으로 얇게 밀어 편 후 주름을 잡는다.

2

원통형의 몸통을 만들고 ①을 감아 붙인다.

3

진한 분홍색 마블 반죽으로 팔을 만들고 진한 분홍색 반죽으로 소매 끝단에 테두리를 붙인 후 흰 반죽으로 손을 만들어 붙인다. 이것을 ②의 몸통에 붙인 다음 분홍색 반죽을 띠 모양으로 얇게 밀어 펴 프릴을 주고 목 부분에 붙인다.

4

모자를 씌운 머리를 만들어 몸통에 붙이고, 로열 아이싱과 가나슈로 눈을 그린다.

1
풀색과 흰색 반죽을 섞어 마블 반죽을 만든 후 몸통과 팔, 다리를 만든다. 팔과 다리를 몸통에 붙인다.

2
발목 부분에 흰 반죽으로 단을 만들어 붙이고, 갈색 반죽으로 신발을 만들어 붙인다.

3
흰 반죽을 얇게 밀어 펴 배 부분에 붙이고, 마블 반죽으로 웃옷을 만들어 입히고 흰 반죽으로 웃옷에 테두리를 만들어 붙인다.

4
①의 팔에 녹색 반죽으로 단을 만들어 붙이고 흰 반죽으로 손을 만들어 붙인다.

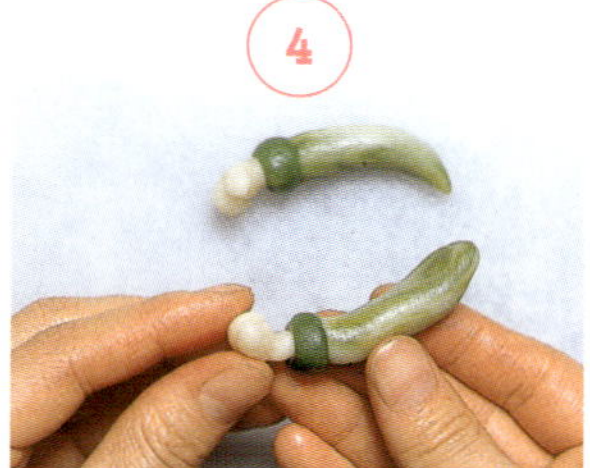

5
④를 ③의 몸통에 붙인다.

6
흰 반죽으로 얼굴을 빚고 입과 눈 자국을 낸다.

7
귀를 만들어 붙이고, 빨간색 반죽으로 입술을 만들어 붙인다.

8
진한 갈색 반죽으로 머리카락을 만들어 붙인다.

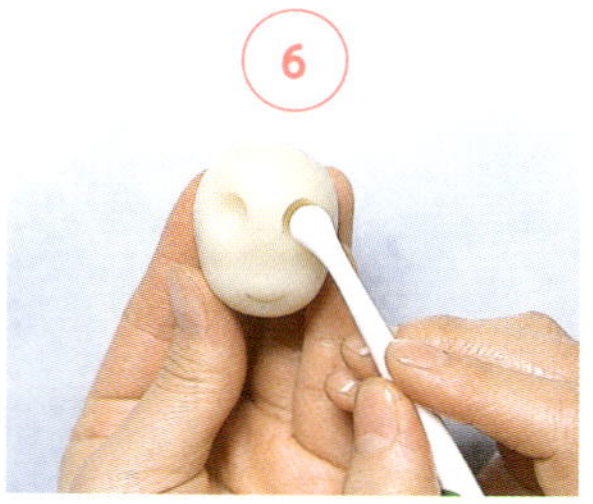

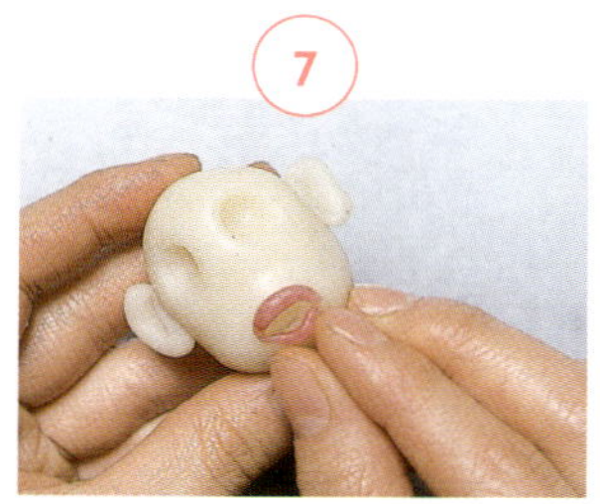

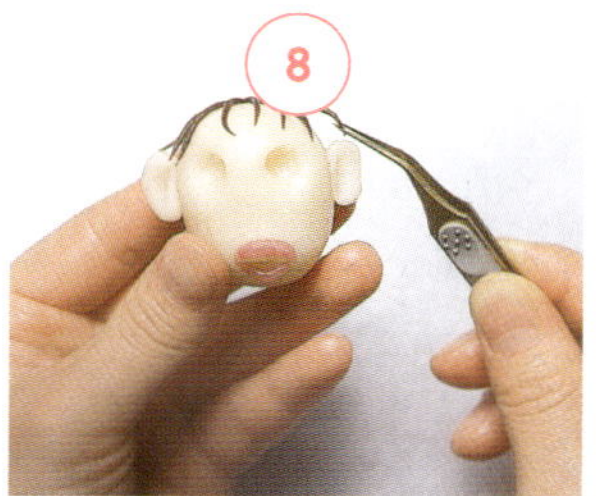

마무리

9 흰 반죽으로 이빨을 만들어 붙이고, 마블 반죽으로 모자를 만들어 씌운다.

10 ⑨를 ⑤의 몸통에 붙이고, 로열 아이싱과 가나슈로 눈을 그려 완성한다.

잘츠타이크 *Salzteig*

마지팬 공예와 같은 요령으로 만든다. 마지팬보다는 잘 마르지 않기 때문에 완성되면 통풍이 잘 되는 곳에서 충분히 건조시킨다. 오래 보존할 수 있으며 평면적, 입체적으로 형태를 만들 수 있다. 벽장식이나 진열하는 물건 등에 적합하다.

잘츠타이크 만드는 법

재료(밀가루 100g분)
밀가루(박력분 30g, 강력분 70g)
소금 100g
물 60cc

※착색하는 경우는 물에 녹인 색소를 반죽에 섞는다.

체 친 밀가루에 소금을 넣고 가볍게 섞는다.

물을 조금씩 넣어가며 잘 섞는다.

반죽이 한 덩어리가 되면 비닐에 넣어 휴지시킨다.

덧가루로 강력분을 사용해 세공한다.

브로치 만들기

과자를 완성하는
데커레이션
테크닉
Cake
Decoration
Technique

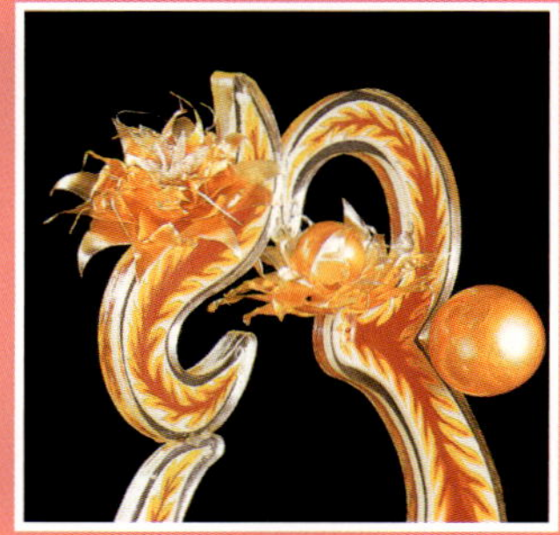

Chapter 04

설탕·초콜릿 공예

쉬크르 티레·쿨레·수플레
초콜릿
에어브러시

쉬크르 티레·쿨레·수플레 *Sucre tiré·Coulé·Soufflé*

충분히 잡아 늘린 설탕은 광택이 나며 화려한 분위기를 연출한다. 로열 아이싱이나 모델링 페이스트의 꽃보다 투명감 있게 완성된다. 단, 습기에 약하므로 잘 건조시켜서 보관해야 한다. 습기가 차면 끈적끈적해지면서 녹아버린다.

만드는 법

재료(설탕 500g분)
설탕 500g
물 175g
주석산용액 7방울
(주석산과 물을 1:1의 비율로 녹인 것)

그라뉴당은 순도가 높고 찌꺼기가 적은 결정체로 물에 쉽게 녹아 설탕공예에 적합하지만, 한국에서는 설탕으로 대체하여 사용한다. 주석산은 안정제 역할을 한다. 설탕을 끓여 녹이면서 소량 첨가하면 끓인 상태를 오래 지속시킬 수 있다.

냄비에 모든 재료를 넣고 160℃로 끓인다.

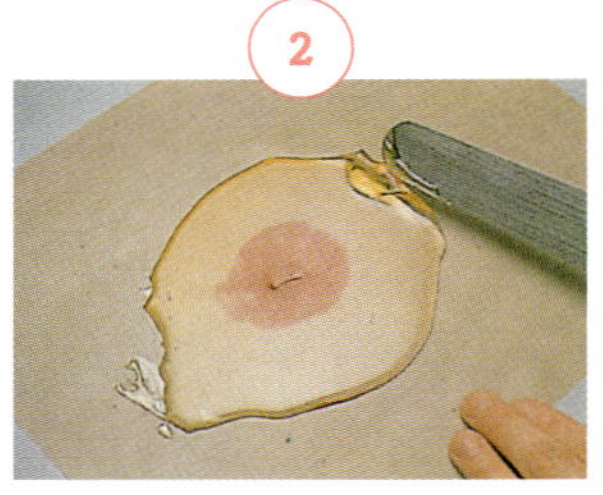

①을 베이킹 시트 위에 붓는다. 녹인 색소를 넣고 스패튤러로 접어가며 섞는다.

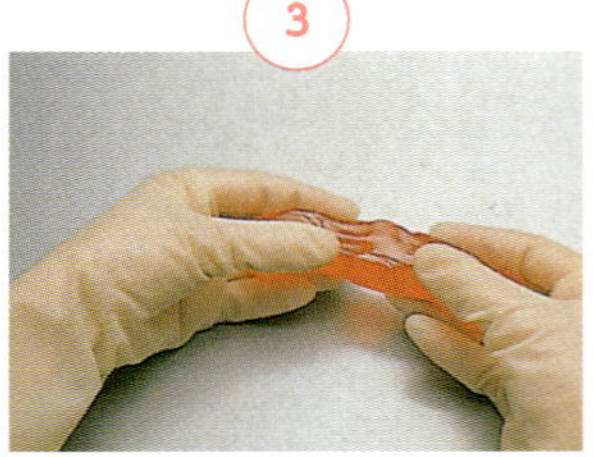

라텍스 장갑을 끼고 끓인 설탕을 뭉친다.

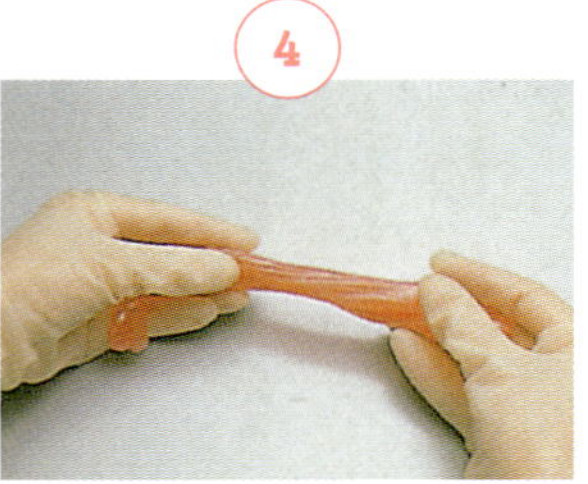

옆으로 똑바로 잡아 늘린 다음 겹친다.

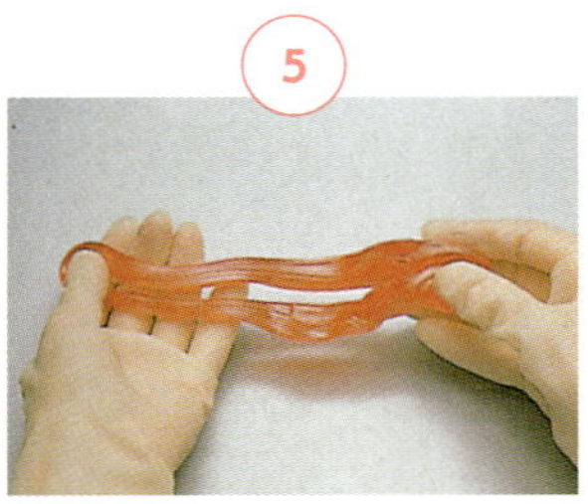

광택이 나는 좋은 상태가 될 때까지 20회 정도 작업을 반복한다.

세공 방법

전기 스탠드(250W)와 세공판은 가정용도 사용 가능하다. 세공판 대신에 흰색의 내열용 도마도 사용한다. 냄비는 열전도가 좋은 동냄비나 스테인리스 냄비를 사용한다. 라텍스 장갑은 열이 손에 전달되는 것을 막아주고 작업을 쉽게 해준다.

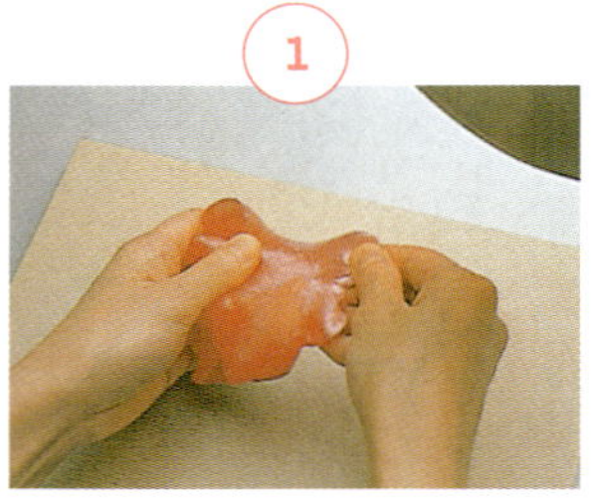

설탕덩어리를 잡아 늘려 얇게 편 다음 엄지로 누르면서 잡아 떼서 꽃잎을 만든다.

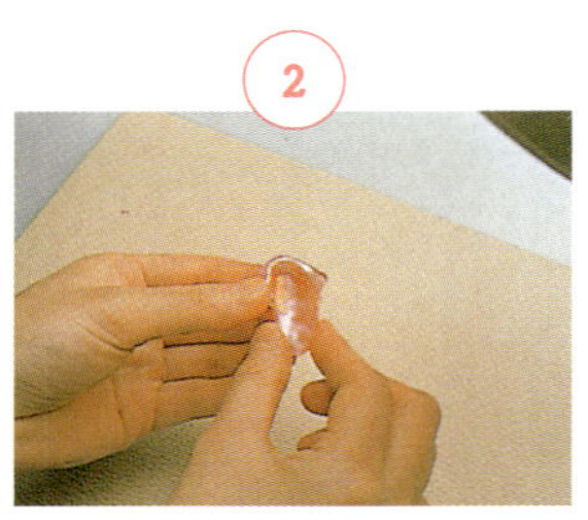

꽃잎을 말아서 봉오리를 만든다.

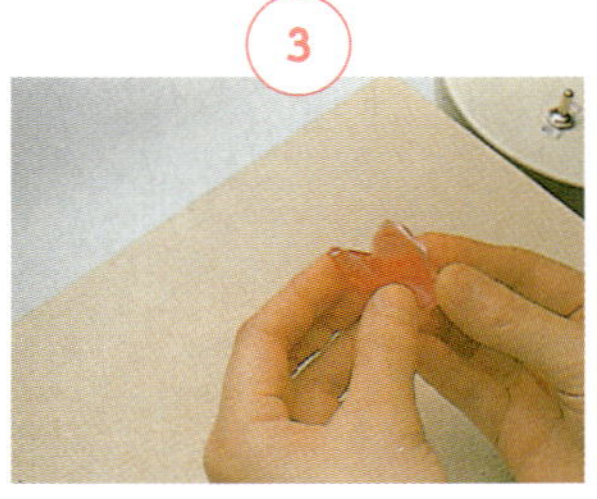

①을 반복해 꽃잎을 만들어서 ②에 붙인다.

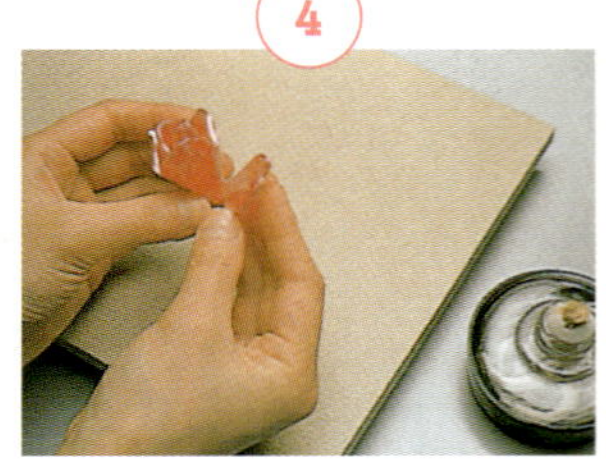

계속해서 꽃잎을 만들어 겹쳐지게 순서대로 붙인다.

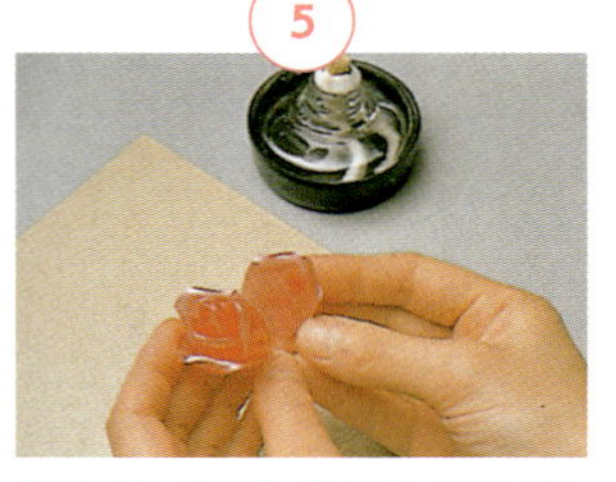

겉꽃잎은 알코올 램프로 끝부분을 조금 녹여 바깥쪽으로 살짝 벌어지게 붙인다.

나뭇잎은 원형을 만든 다음 단단해지기 전에 모양틀에 놓고 눌러 잎맥을 만든다.

쉬크르 쿨레와 티레로 표현하는 이미지

● 실연 : 최두리(최두리 슈거아트&웨딩 케이크 연구실 원장)

쉬크르 티레

재료

설탕 1,000g
물 400g
주석영 3g

만드는 법

1 동냄비에 소금 한 스푼과 식초 한 스푼을 넣어 깨끗이 닦는다.

2 동냄비에 설탕과 물을 넣고 끓인다.

3 물이 끓기 시작하면 거품을 걷어낸 다음, 물엿을 넣고 냄비에 온도계를 설치한다.

※ 물에 적신 붓으로 냄비 안쪽 면을 닦아주면서 설탕 결정이 생기는 것을 방지한다.

4 시럽 온도가 130~140℃ 정도 되면 주석영을 물에 풀어서 넣는다.

5 시럽의 온도가 140℃ 이상 되었을 때 원하는 색깔의 식용 색소를 넣는다.

6 시럽의 온도가 165~170℃가 되면 불을 끄고 동냄비의 밑면을 차가운 물에 담가서 온도가 상승하는 것을 방지한 뒤, 대리석(또는 실리콘 베이킹 매트) 위에 시럽을 붓고 작업하기 좋은 상태가 될 때까지 굳힌다.

쉬크르 쿨레 : 구 만들기

재료

설탕 100g
물엿 300~350g
실리콘 틀

만드는 법

1 동냄비에 소금과 식초를 각각 한 스푼씩 넣고 깨끗이 닦는다.

2 동냄비에 물과 설탕을 넣고 끓이면서 물을 묻힌 붓으로 냄비 안쪽 면을 가끔씩 닦아준다.

3 끓기 시작하면 물엿을 넣고 다시 끓으면 거품을 걷어낸다.

4 끓인 시럽의 온도를 적당하게 낮춘 후에 실리콘 틀에 흘려 붓는다.

5 시럽이 식으면 구 형태의 모양이 된다.

꽃 만들기

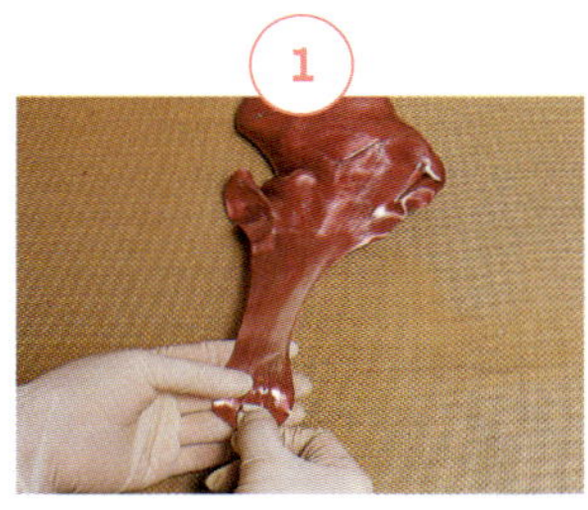

여러 번 잡아 늘여 광택을 낸 빨간색 쉬크르 티레 반죽을 잡아 당겨 꽃잎을 만들고 가위로 잘라낸다.

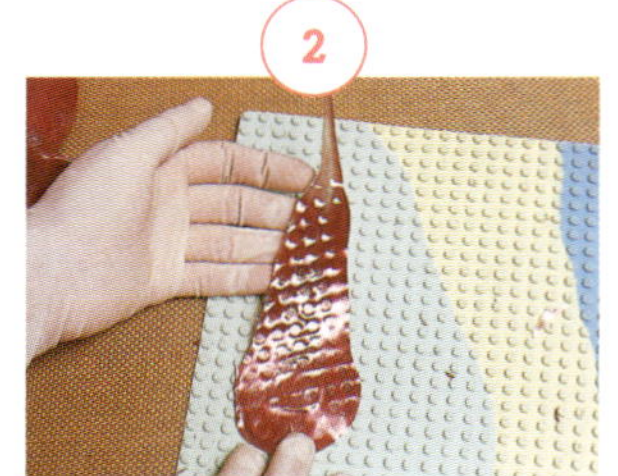

꽃잎을 원형 무늬가 있는 판에 대고 눌러주어 무늬를 낸다.

쿨레로 만든 구에 꽃잎을 붙인다.

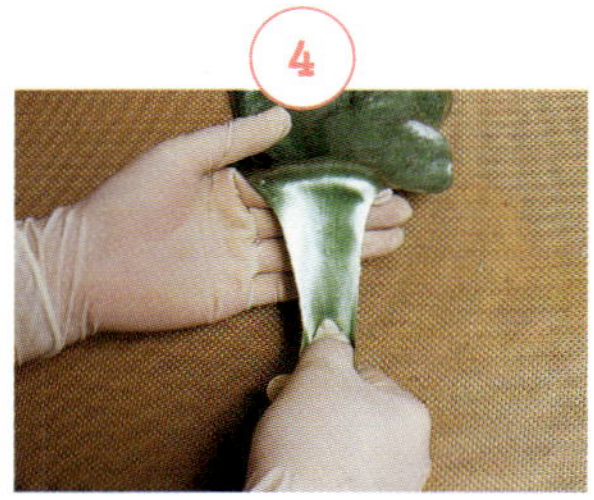

초록색 쉬크르 티레 반죽을 작업성이 좋게 ①처럼 만든 후에 꽃잎을 만든다.

②처럼 꽃잎에 무늬를 낸다.

빨간색 꽃잎 아래 초록색 꽃잎을 붙인다.

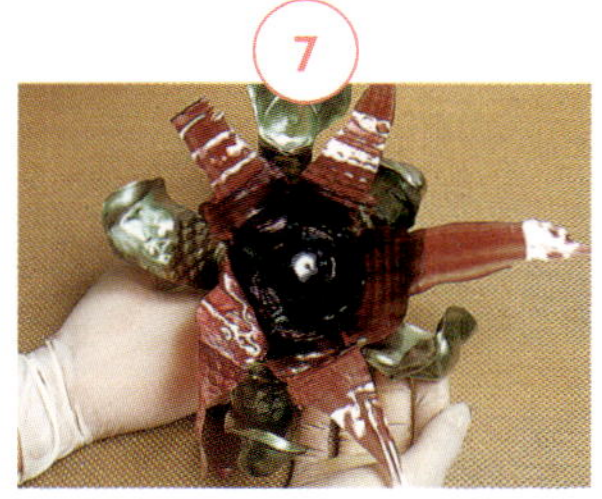

완성

파스티야주 모양내기

파스티야주 만들기

재료

슈거파우더 1,000g
젤라틴 8g
흰자 45g
물 적당량

만드는 법

1 젤라틴을 약 10분간 물에 불린다.
2 불린 젤라틴을 중탕하여 완전히 용해시킨다.
3 슈거파우더와 흰자, 용해시킨 젤라틴을 넣고 물로 되기를 조절하면
　서 혼합하여 매끈한 반죽으로 만든다.

파스티야주를 작업하기 좋은 상태가
되도록 손으로 10~15회 정도 치댄다.

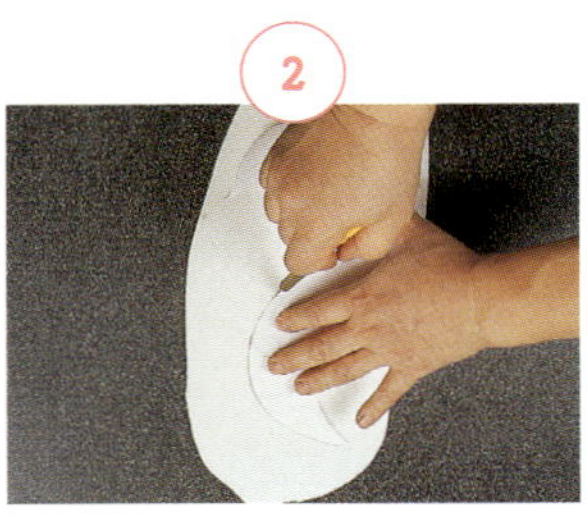

원하는 모양을 본 뜬 종이를 밀어 편 파
스티야주 위에 놓고 오린다.

오려 낸 파스티야주를 실온에서 2~3
일 건조시킨 후에 건조된 파스티야주
위에 붓과 주황색 색소를 이용하여 그
림을 그린다.

빨간색 색소를 이용하여 ③ 위에 그림
을 그린다.

유성 점토를 이용하여 틀 만들기

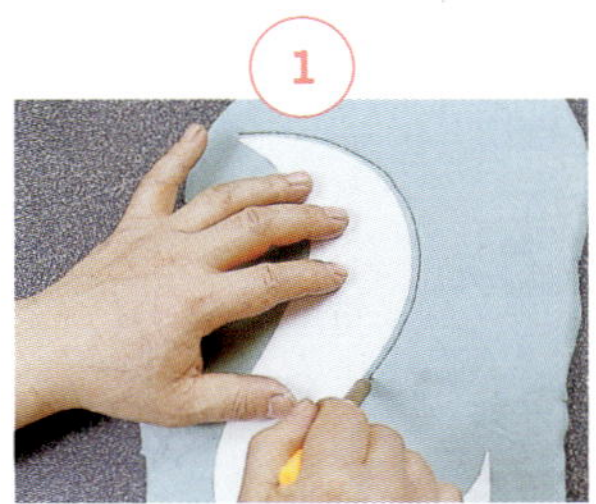

유성 점토 위에 모양을 본 뜬 종이를
놓고 그림보다 5㎜ 정도 크게 오린다.

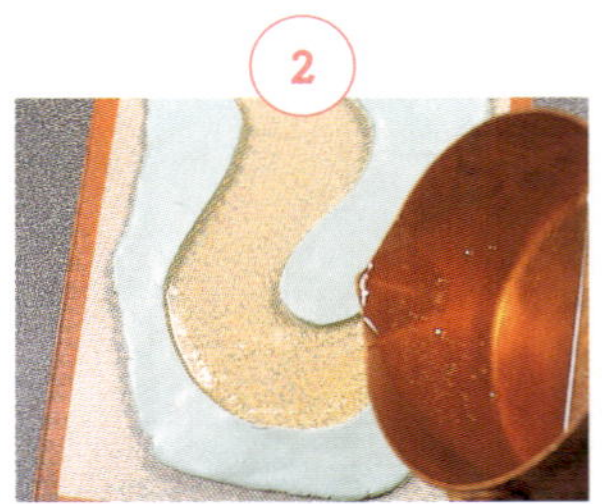

뜨거운 시럽(물400 : 설탕1000, 160℃
까지 끓임)을 ①의 모양 틀에 50%만 채
운다.

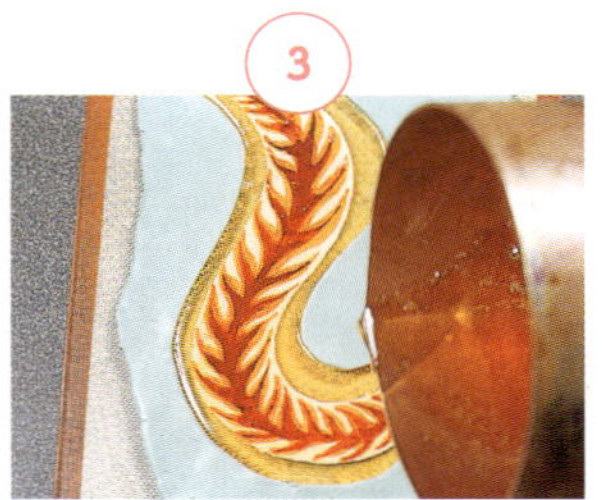

굳은 시럽 위에 파스티야주를 올린 다
음, 뜨거운 시럽을 다시 위에 부어 틀
을 채운다.

시럽이 굳으면 유성 점토를 떼어 낸다.

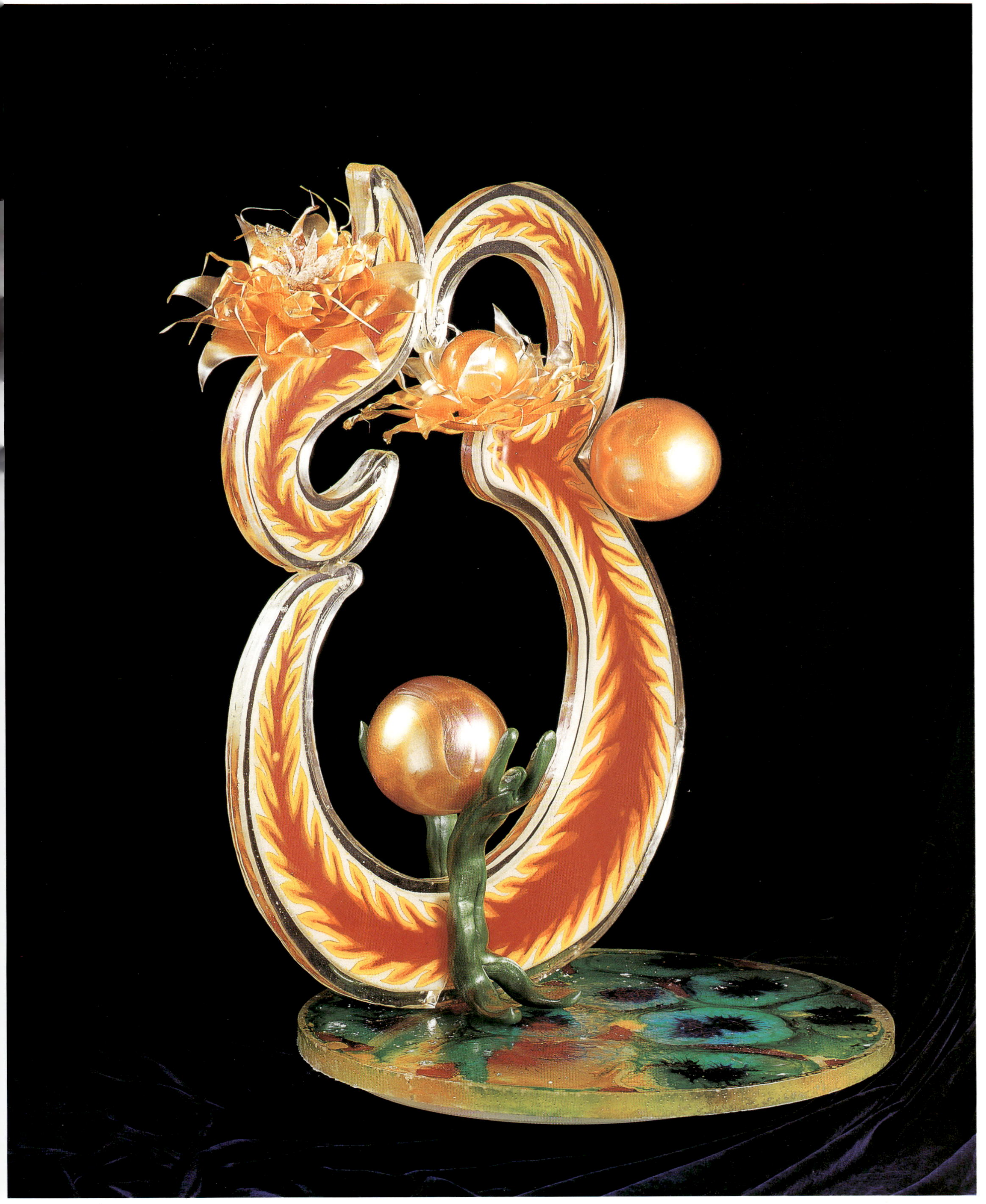

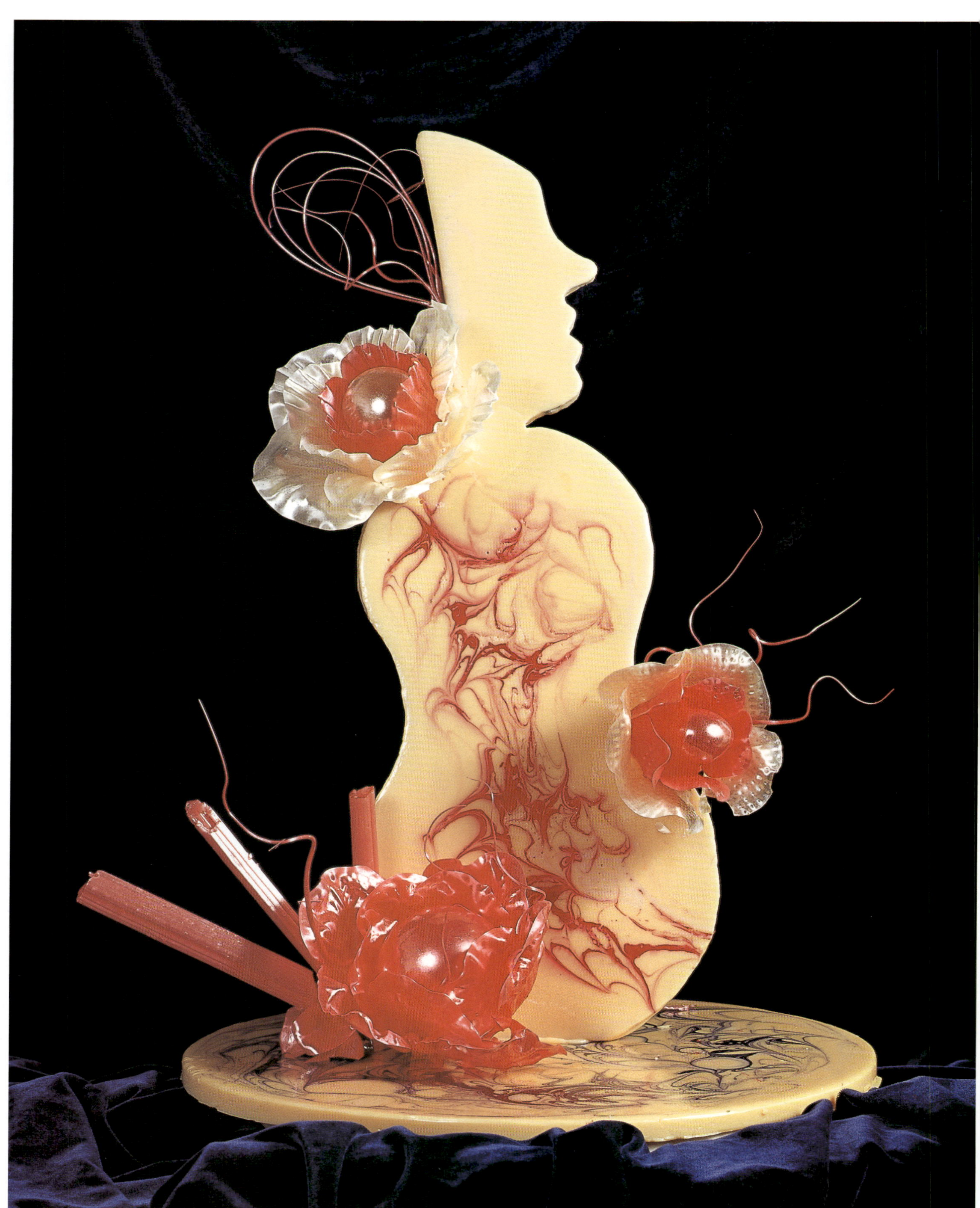

쉬크르 수플레 : 구 만들기

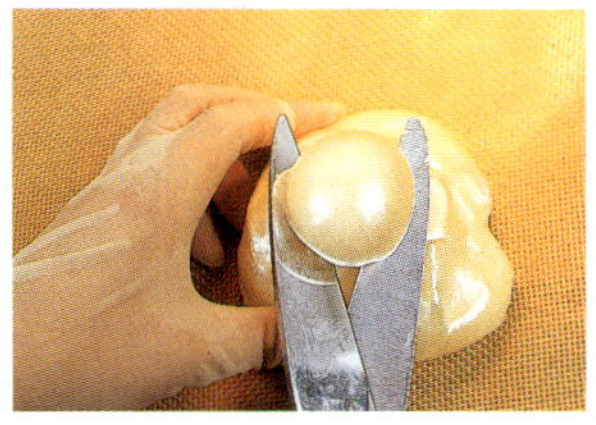 

만드는 법

1 여러 번 잡아 늘여 광택을 낸 쉬크르 수플레 반죽의 한쪽을 둥근 공 모양으로 만든 후 가위로 잘라낸다.

2 잘라낸 덩어리의 가운데 부분에 엄지손가락을 이용해 오목한 구멍을 만든다.

3 오목하게 들어간 구멍의 테두리 부분을 토치로 살짝 가열해 부드럽게 녹인다.

4 공기 주입기의 입구를 ③의 구멍에 끼워 넣고 테두리 부분을 잘 오무려 공기가 새지 않도록 밀착시킨다.

5 공기 주입기에 잘 붙인 반죽을 둥글게 매만진 다음 공기 주입기로 공기를 조금씩 넣으면서 조금 길쭉한 공 모양이 되도록 부풀린다.

※ 중간중간에 선풍기 바람을 쐬어 표면을 조금씩 굳히면서 작업한다.

6 모양이 잡히면 공기 주입기를 떼어내고 알코올 램프로 가열해 잘 오무리면서 모양을 정리한다.

쉬크르 수플레 반죽의 기본배합 및 만드는 방법

재료

설탕 1,000g
물 350g
물엿 100g
주석영 2g

만드는 법

1 동냄비에 소금 한 스푼과 식초 한 스푼을 떨어뜨려 깨끗이 닦는다.

2 동냄비에 설탕과 물을 넣고 중불에서 끓인다.

3 물이 끓기 시작하면 거품을 걷어낸 후 물엿을 넣고 냄비에 온도계를 설치한다.

※ 이따금 물에 적신 붓으로 냄비 가장자리를 닦아 결정이 생기는 것을 방지한다.

4 시럽 온도가 130~140℃ 정도 되면 주석영을 물에 풀어서 넣는다.

5 시럽의 온도가 140℃ 이상 되었을 때 원하는 색깔의 식용색소를 넣는다.

6 시럽이 158~160℃까지 끓으면 불을 끄고 동냄비의 밑면을 차가운 물에 담아 온도가 상승하는 것을 방지한 다음, 대리석이나 실리콘 베이킹 매트 위에 시럽을 붓고 작업하기 좋은 상태가 될 때까지 굳힌다.

꽃잎 만들기

잎 모양 틀

   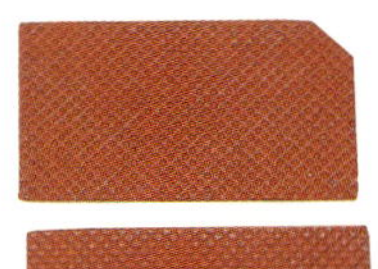

❶　　❷　　❸

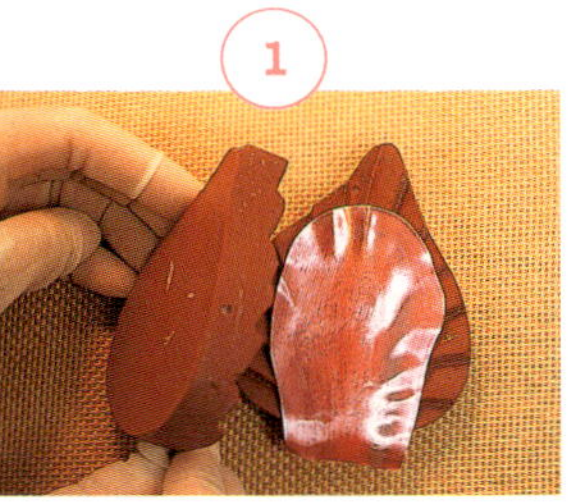
1

여러 번 잡아 늘여 광택을 낸 꽃분홍색 쉬크르 티레 반죽의 한쪽 끝을 잡아당겨 광택이 나는 얇은 꽃잎 모양을 떼어낸다.

2

떼어낸 꽃잎을 잘 늘여 펴서 잎 모양 틀 ①에 놓고 찍어낸다.

3

4장의 꽃잎을 만든다. 꽃잎 끝 부분을 알코올 램프로 가열하여 쉬크르 수플레로 만든 구의 아래 부분에 돌려가면서 사진과 같이 붙인다.

4

①과 마찬가지로 연분홍색 쉬크르 티레 반죽의 한쪽 끝을 잡아당겨 ①보다 조금 큰 꽃잎 모양을 떼어낸다. 떼어낸 꽃잎을 잘 늘여 펴서 잎 모양 틀 ②에 놓고 찍어낸다.

5

5장의 꽃잎을 만든다. 꽃잎 끝 부분을 토치로 가열하여 꽃분홍색 꽃잎 아랫부분에 돌려가며 붙인다.

6

①과 마찬가지로 쉬크르 티레 반죽의 한쪽 끝을 잡아당겨 ④보다 조금 큰 꽃잎 모양을 떼어낸다. 떼어낸 꽃잎을 잘 늘여 펴서 잎 모양 틀 ③에 놓고 찍어낸다.

7

흰색 꽃잎을 연분홍색 꽃잎 아랫부분에 돌려가며 붙여 꽃을 완성한다.

쉬크르 티레-불투명 기법

재료

설탕 100g, 물 400g
물엿 300~350g
티탄 옥시드 한 스푼, 색소(원하는 색상) 소량

만드는 법

1 1동냄비에 소금 한 스푼, 식초 한 스푼을 넣어서 깨끗이 닦는다.

2 동냄비에 물과 설탕을 넣고 끓이면서 붓으로 냄비 안쪽면을 가끔씩 닦아준다.

3 끓기 시작하면 거품을 걷어낸 후, 물엿을 넣는다.

4 티탄 옥시드 한 스푼을 소량의 물에 풀어서 넣는다.

5 165~175℃가 되면 불에서 내려 찬물에 담가 온도 상승을 막는다

※ 온도가 더 올라갈 경우 시럽이 티탄 옥시드의 영향으로 아이보리 빛깔을 띠게 돼 색소를 넣었을 때 제 빛깔이 나지 않는다).

6 원하는 색소를 넣은 후 막대로 젓는다.

7 원하는 모양틀에 흘려 붓고 굳힌다.

※ 불투명 타입의 쉬크르 쿨레는 투명한 형태의 배합에 티탄 옥시드를 첨가해 만든다. 티탄 옥시드를 첨가해 끓인 시럽은 흰색의 불투명한 형태를 띤다.

꽃 만들기

재료

설탕 100g
물 400g
물엿 300~350g
티탄 옥시드 한 스푼
색소(원하는 색상) 소량

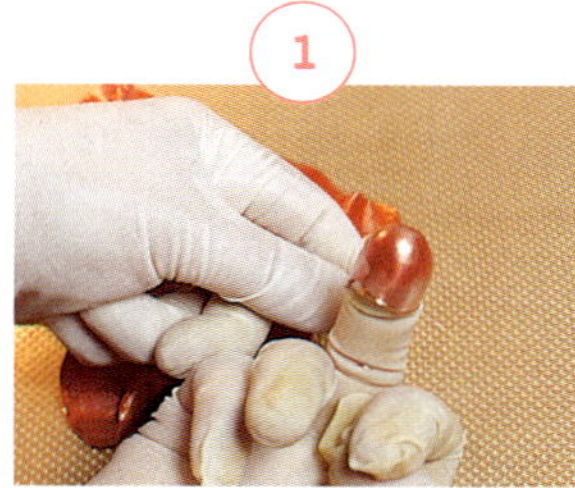

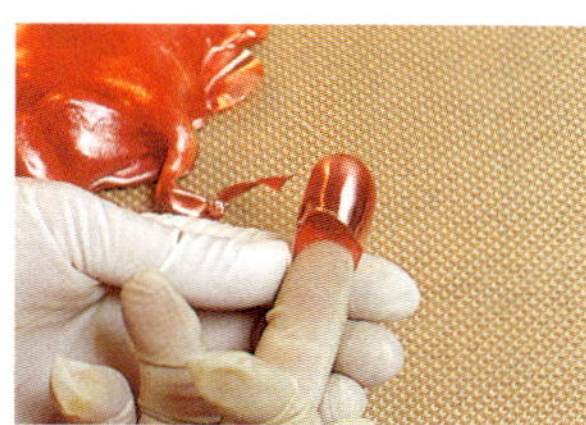

여러 번 잡아 늘여 광택을 낸 빨간색 쉬크르 티레 반죽의 끝부분을 양쪽으로 잡아당겨 막을 만든 다음 라텍스 장갑을 낀 손가락을 아래에서 위쪽으로 올리며 떼어낸다.

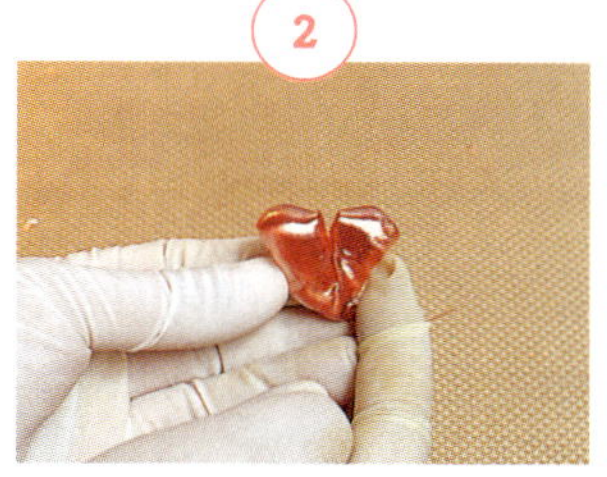

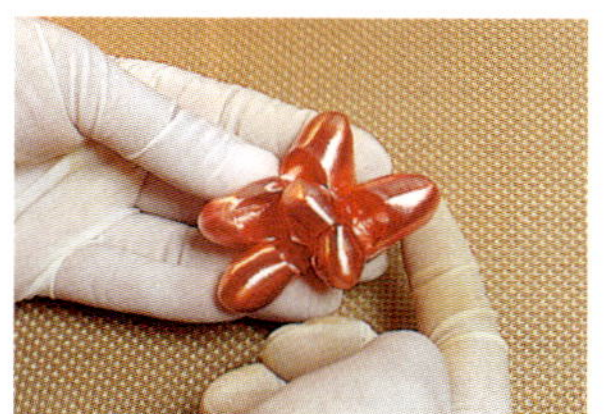

손가락의 끝부분 모양을 만들어가며 끝을 알코올 램프에 살짝 가열하여 붙여서 꽃봉오리를 만든다.

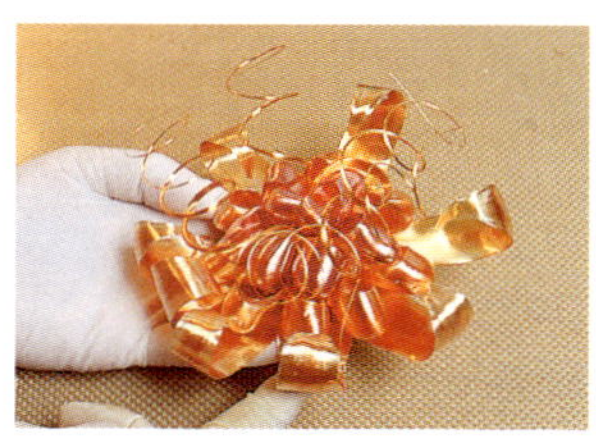

쉬크르 티레 반죽 덩어리를 광택을 살려가며 잡아당겨 꽃잎을 떼어낸다. 끝부분을 뒤로 젖힌 모양을 여러 개 만들어서 ③에 붙여 나간다.

반죽 덩어리를 가늘게 잡아당겨 떼어낸 후 봉에 감아 줄기 모양을 만든다.

꽃잎 사이에 줄기를 붙여가며 마무리한다.

Tip. ※ 쉬크르 티레는 물엿 대신 주석영을 넣기도 하는데 이는 설탕이 잘 늘어나도록 하고 설탕의 결정체가 생기는 것을 방지하기 위해서이다. 물엿을 넣지 않으면 아름다운 광택은 살아나지만 설탕이 빨리 굳게 되어 작업 공정이 무척 까다로워진다.

※ 꽃봉오리를 만들 때 꽃잎을 전부 떼어 놓고 한 번에 붙이는 것보다는 꽃잎을 한 장 한 장 떼어서 붙여 나가는 것이 균형을 잡기도 쉽고 부서지는 것도 방지할 수 있다.

초콜릿 *Chocolate*

초콜릿 템퍼링

온도를 낮춘다는 의미의 '템퍼링(Tempering)'은 초콜릿으로 코팅을 한다거나 장식을 만든다거나 할 때 필수적인 과정이다. 흔히 '커버추어' 또는 프랑스식으로 '쿠베르튀르'라 불리는, 카카오 버터가 30% 이상 함유된 초콜릿을 녹였다가 다시 냉각시켜 일정한 온도를 유지시키면 광택과 보존력이 높아진다. 과학적으로 설명하자면 카카오 버터의 분자 결정 모양이 어떻느냐에 따라 맛과 촉감 등이 달라지는 것이다. 녹인 초콜릿의 분자 배열 구조는 불안정하지만 템퍼링한 초콜릿의 분자구조는 안정적으로 바뀐다. 템퍼링에는 초콜릿을 중탕으로 녹여 찬물에 식히는 기본적인 방법과 대리석에서 템퍼링 하는 방법, 녹인 초콜릿에 곱게 다진 초콜릿을 섞는 방법 등이 있다.

1. 가장 기본적인(찬물에 식히기) 템퍼링 방법

① 물기를 완전히 제거한 볼에 잘게 썬 커버추어를 넣는다.
② ①의 볼보다 작은 볼에 물을 채워 약한 불에 올리고 그 위에 ①의 볼을 겹쳐 올려 중탕으로 커버추어를 녹인다.
③ 40℃ 정도가 되면 전체가 균일하게 매끄러운 상태가 된다.
④ 볼을 냉수에 받쳐 천천히 섞으면서 온도를 낮춘다. 27℃ 정도가 되면 묵직하게 끈기 있는 상태가 된다.
⑤ 다시 불에 올려 중탕해 29~32℃ 정도까지 온도를 높인다. 34℃ 이상이 되지 않도록 주의한다. 온도 조절에 실패했다면 ④의 과정부터 다시 반복한다.

2. 대리석 템퍼링

비교적 널리 이용되는 방법으로 녹인 커버추어의 ⅔ 분량을 대리석 위에 덜어 펼쳤다가 모았다가를 반복하여 식히면서 27~29℃(이 온도에서 점성이 생긴다)가 되면 나머지 ⅓이 담겨있는 볼에 다시 담아 전체를 섞어 온도를 맞춘다(31~32℃). 이 방법은 작업대 위에서 어느 정도 뒤적여 식히고 언제 다시 용기에 담아야 하는지를 기술자가 감각적으로 판단해야 하므로 기술자에게 숙련된 기술과 경험이 필요하다.

3. 곱게 다진 초콜릿 넣기

40℃ 정도로 녹인 커버추어에 아주 곱게 다진 커버추어를 넣어 온도를 낮춰 적정 온도로 만드는 방법이다. 이때 투입하는 초콜릿은 기본적으로 녹인 초콜릿과 같은 것이어야 하며 제조 후 1개월 이상 지난 것이 좋다.

초콜릿의 종류

카카오 매스

흔히 비터 초콜릿이라고도 하는데, 말 그대로 '쓴 초콜릿'이다. 카카오 빈에서 외피와 배아를 없애고 부순 것으로 설탕이나 그 밖의 다른 성분은 전혀 포함하고 있지 않기 때문에 카카오 빈 특유의 쓴맛이 그대로 난다. 카카오 빈은 너트류처럼 부수면 유분을 갖는 페이스트 상태가 되며 이것은 카카오 고형분과 카카오 버터가 주성분이다.

카카오 버터

카카오 빈에서 직접 추출하거나 코코아 파우더를 만들 때 추출해낸 것을 두었다가 사용할 수도 있다. 커버추어를 좀 더 매끄럽게 하고 싶을 때나 가나슈를 만들 때 부드럽고 리치한 맛을 내기 위해 버터 대신 넣기도 한다.

다크 초콜릿

순수한 쓴맛의 카카오 매스에 설탕과 약 7~10%의 카카오 버터, 레시틴, 바닐라 등을 섞어 만든 것이다. 카카오 버터를 일정량 함유하고 있는 카카오 매스에 별도로 카카오 버터를 첨가했기 때문에 유지 함량이 좀 더 높고 유동성이 좋으며 카카오의 풍미도 강하다.

밀크 초콜릿

다크 초콜릿의 구성 성분에 전지분유를 더한 것이다. 분유는 유백색이므로 색이 엷어질수록 분

유의 함량이 많은 것으로 보면 된다. 다크 초콜릿이 원재료인 카카오 빈의 질에 따라 맛이 좌우 된다고 한다면, 밀크 초콜릿은 그 외에 분유의 상태에 따라서도 영향을 받는다. 부드럽고 풍부한 맛을 강하게 하려면 카카오 버터의 함량을 높이면 된다.

화이트 초콜릿

카카오 빈을 이루는 두 가지 성분, 즉 카카오 고형분과 카카오 버터 중 초콜릿 특유의 다갈색을 내는 것은 카카오 고형분이다. 따라서 초콜릿을 만들 때 카카오 고형분을 뺀 나머지만으로 초 콜릿을 만든다면 그 초콜릿은 흰빛을 띠게 된다. 그렇게 만들어진 것이 바로 화이트 초콜릿이다. 카카오 버터와 설탕, 분유, 레시틴, 바닐라로 이루어진 화이트 초콜릿은 카카오 고형분이 전혀 들어있지 않다는 이유로 몇몇 나라에서는 이것을 초콜릿이 아닌 '설탕과자'로 분류하기도 한다.

컬러 초콜릿

간혹 발렌타인데이 등 특별한 기념일에 선물용으로 판매되고 있는 초콜릿들 중에서 파란색이나 빨간색의 초콜릿을 본 일이 있을 것이다. 이것은 화이트 초콜릿에 유성 색소를 넣어 만든다. 유성 색소를 첨가하는 이유는 화이트 초콜릿 자체가 카카오 버터를 주성분으로 하는 유성이므로 수 성 색소를 넣으면 잘 섞이지 않기 때문이다.

가나슈용 초콜릿

카카오 매스에 설탕만을 더한 것이다. 카카오 버터를 넣지 않았기 때문에 다른 초콜릿들에 비해 카카오 고형분이 갖는 강한 풍미를 살릴 수 있다는 것이 장점이다. 유지 함량이 적어 생크림처럼 지방과 수분이 많아 분리될 위험이 있는 재료와도 잘 섞인다. 하지만 카카오 버터가 갖는 유동성 을 기대할 수는 없기 때문에 커버추어처럼 코팅용으로 이용하기에는 부적합하다.

코팅용 초콜릿(파트 아 글라세)

대부분 초콜릿을 다루면서 가장 까다롭다고 여기는 것이 바로 템퍼링 작업이다. 초콜릿에 템퍼 링이 필요한 이유는 맛과 품질에 큰 영향을 미치는 카카오 버터의 분자 배열 상태를 안정되게 만 들기 위해서이다. 하지만 파트 아 글라세는 카카오 매스에서 카카오 버터를 제거한 다음 식물성 유지와 설탕을 더해 만들었기 때문에 번거로운 템퍼링 작업 없이도 언제든 손쉽게 사용할 수 있 다. 유동성이 좋다는 점이 가장 크게 작용해 코팅용으로 쓰인다.

풍미를 첨가한 제품

근래 들어서는 술이나 오렌지, 커피 등 색다른 풍미가 나는 초콜릿들도 눈에 띈다. 물론 이러한 제품들은 개개인이 수작업을 통해서도 만들 수 있다. 하지만 작업여건이 완벽하지 못하고 공정 자체도 전문업체에서처럼 완전할 수 없기 때문에 생각만큼 좋은 제품을 얻기는 힘들다. 즉 실질 적인 작업성을 고려한다면 기성제품을 구입해 사용하는 편이 더 낫다.

코코아 파우더

카카오 빈을 부순 코코아 매스에서 카카오 버터를 약 ⅔ 정도 추출해낸 후 그 나머지를 가루로 만들어 알칼리 처리를 한 것이 바로 코코아 파우더이다. 초콜릿과 같은 풍미를 가지면서도 가루 상태라 물이나 우유에 녹기 쉽고 취급하기도 쉬워서 여러 가지로 매력이 있다. 반죽에 섞어 넣거 나 표면에 뿌리는 등 응용 범위가 넓다.

초콜릿으로 만드는 장미 • 실연 : 양희승(빵굽는 작은 마을)

플라스틱 초콜릿은 코팅용 초콜릿에 물엿을 넣은 것으로 탄력을 증가시켜 세공을 가능하게 한다. 잘 반죽된 것은 마지팬과 같은 느낌이 나며 다루기가 쉽다. 마지팬과 같은 방법으로 케이크에 씌우거나 작은 사물의 세공에 이용한다.

재료

화이트(다크) 초콜릿 1,000g
물엿 300g
카카오버터 100g
시럽(설탕 1 : 물 1) 200g

만드는 법

1 초콜릿을 26℃로 녹인다. 물엿을 녹인 후 초콜릿과 섞는다.
2 ①에 카카오 버터를 넣고 시럽을 마지막으로 넣는다.
3 기계를 이용해 살짝 섞은 후 냉장고에서 하루 정도 숙성시켜 사용한다.
※ 카카오 버터는 24℃에서 녹기 때문에 손으로 섞을 경우 기름기 가 생길 수 있다.

꽃잎

화이트 초콜릿으로 봉을 만든다. 적색 3호를 이용하여 화이트 초콜릿에 색을 입힌 다음 얇게 편다. 분홍색 초콜릿으로 화이트 초콜릿 봉을 싸서 만다. 봉을 반으로 자른 후 일정 크기로 잘라낸다.

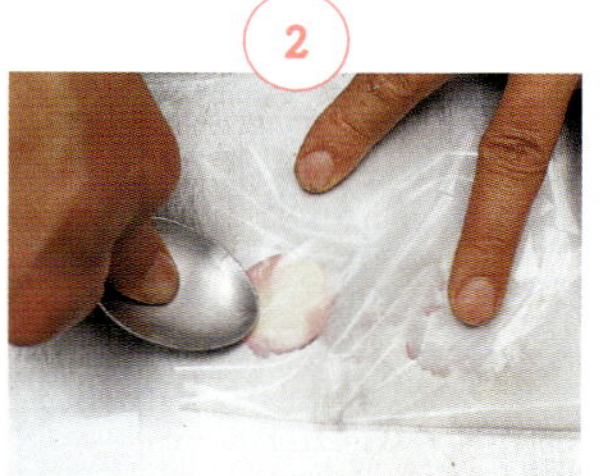

비닐을 덮고 수저로 눌러준다 .

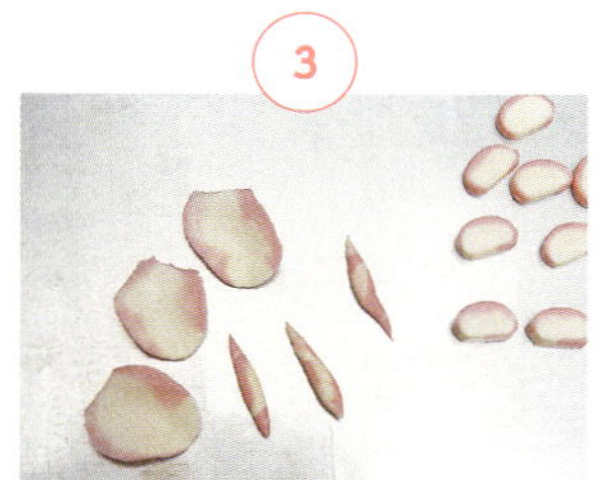

손으로 만져서 꽃잎을 만든다.

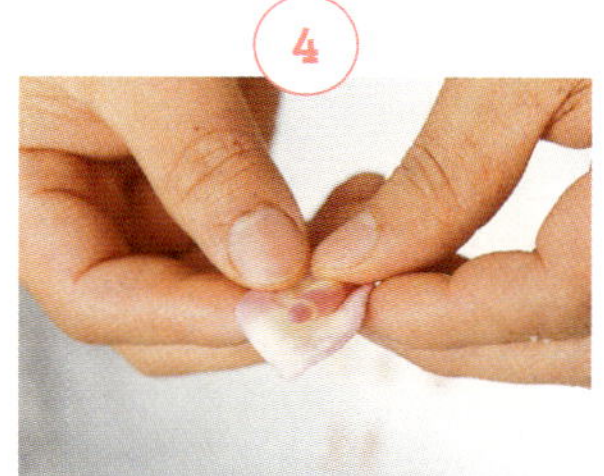

꽃심도 만들어 둔다.

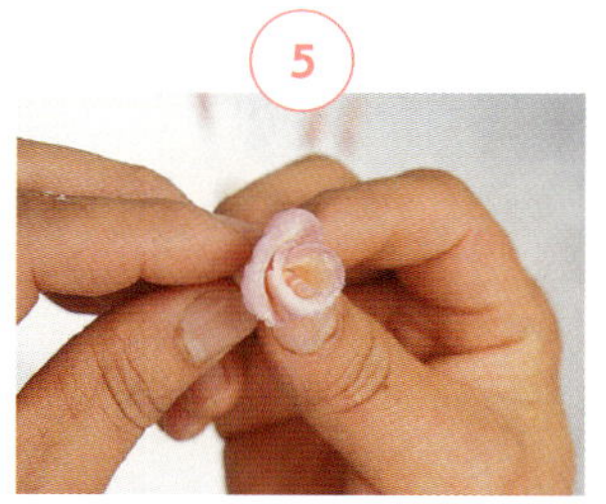

꽃심 둘레로 꽃잎을 하나씩 붙인다.

꽃잎을 약간 뒤로 젖혀 펼친 모습을 만든다.

Tip. 플라스틱 초콜릿 세공 방법

코팅용 초콜릿에 물엿을 섞으면 반죽이 안정되어 세공할 수 있는 상태가 된다. 그릇에 부은 초콜릿이 식으면 슈거파우더를 덧가루로 사용하여 잘 반죽한다. 세공은 마지팬을 다루는 방법과 마찬가지이다.

잎사귀

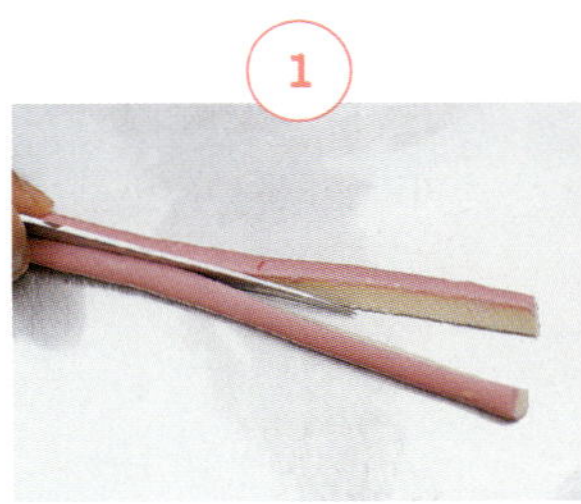

화이트 초콜릿과 분홍색 초콜릿이 합쳐져 있는 봉을 칼로 반 가른다.

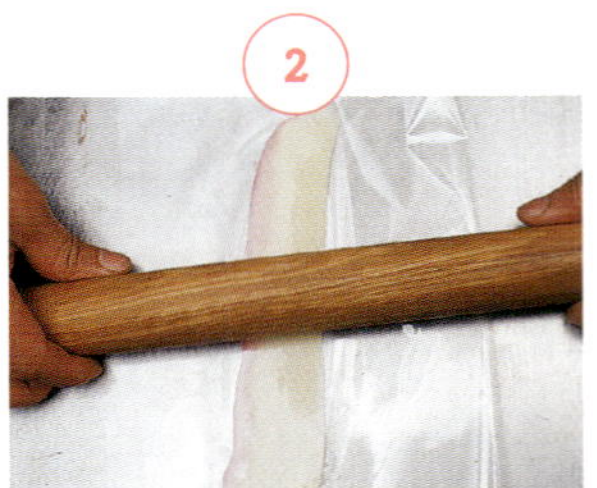

비닐로 덮고 밀대로 민다.

칼로 잎사귀 모양의 크기로 잘라낸다.

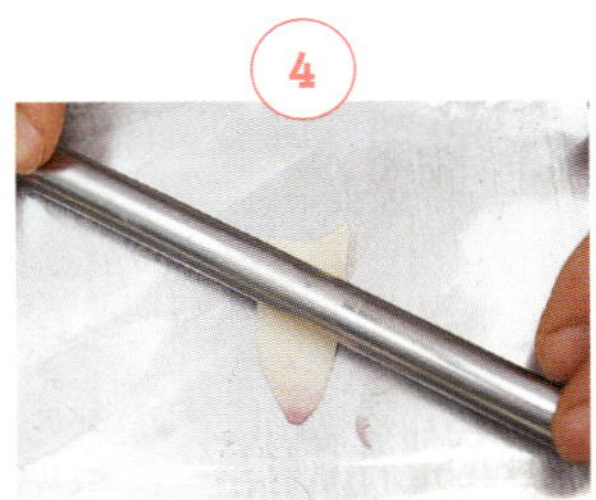

밀대로 살짝 민다.

줄기

칼을 이용해 잎사귀 모양으로 성형한다.

마지막으로 손으로 다듬는다.

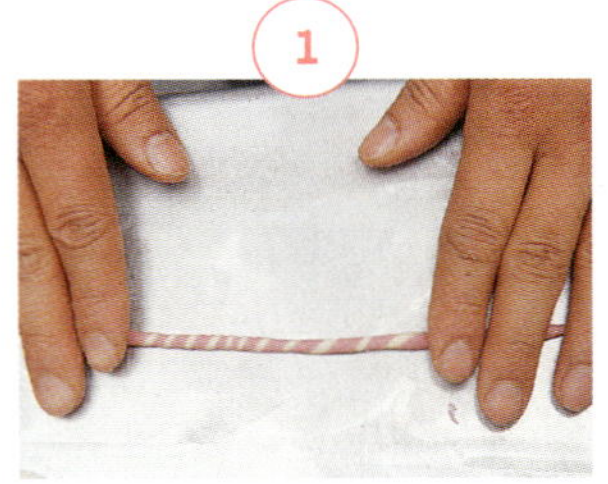

봉을 반으로 자른 다음 손으로 밀어 만든다.

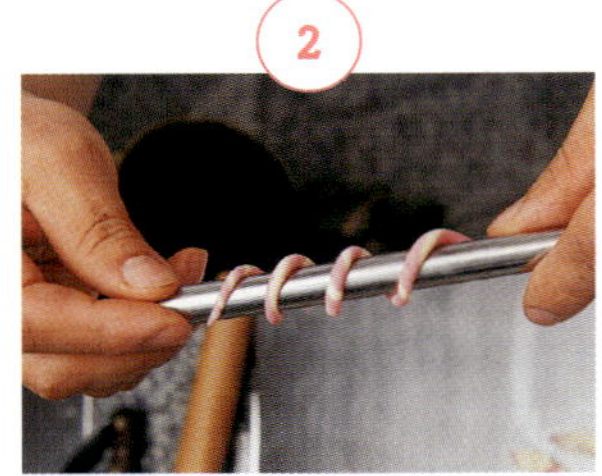

말아둔 반죽을 밀대에 둘둘 말아 모양을 만든다.

초콜릿 장식 *Chocolate decoration*

초콜릿 장식은 다양한 기법에 따라 응용도 가능해 활용 폭이 넓다. 여기에서 사용하는 초콜릿은 모두 템퍼링한 커버추어이다.

몰드로 만드는 초콜릿 장식

다양한 몰드

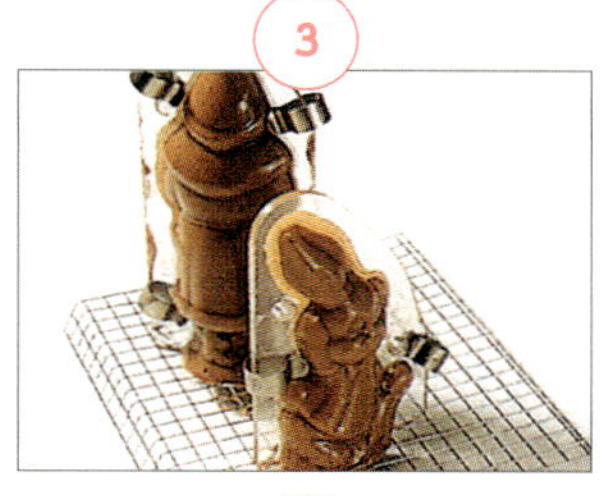

원형 주름 몰드

Tip. 몰드를 이용한 장식물 만들기

몰드를 이용해 장식물을 만들 때는 틀에 초콜릿을 채웠다가 약간
굳으면 속을 비워낸다. 두개를 서로 붙일 때는 뜨겁게 달군 철판에
비벼 살짝 녹인후 붙인다.

기본 초콜릿 장식

**코포 Copeaux - ** 얇게 깎은 초콜릿

**시가레트 Cigarettes - ** 담배처럼 막대형으로 돌돌 말린 초콜릿 장식   * 짧은 시가레트를 만들 때는 칼로 먼저 선을 낸 다음 긁는다.

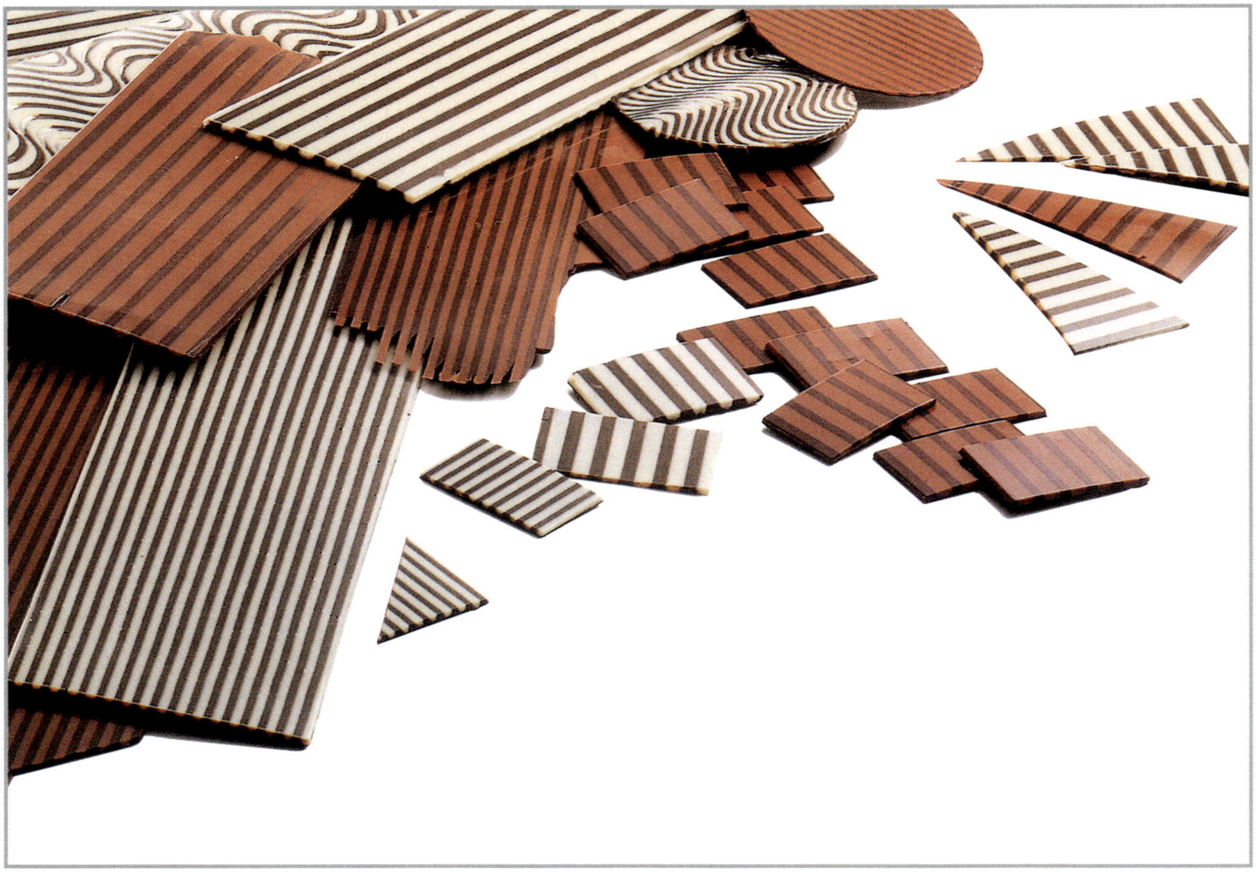

두 가지 초콜릿의 세련된 조합

바탕이 될 초콜릿에 모양을 낸 다음 굳히고 다른 색의 초콜릿을 발라 굳혀 만든다.
모양을 낼 때는 한 번에 정확히 해야 선이 깔끔하게 나온다.

Milk & dark

1

2

3

4

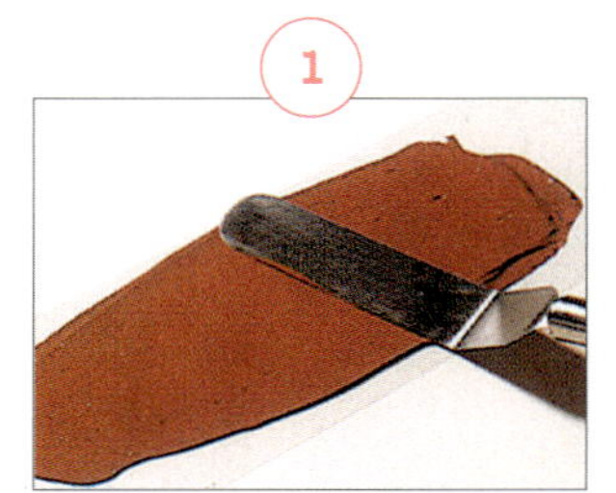

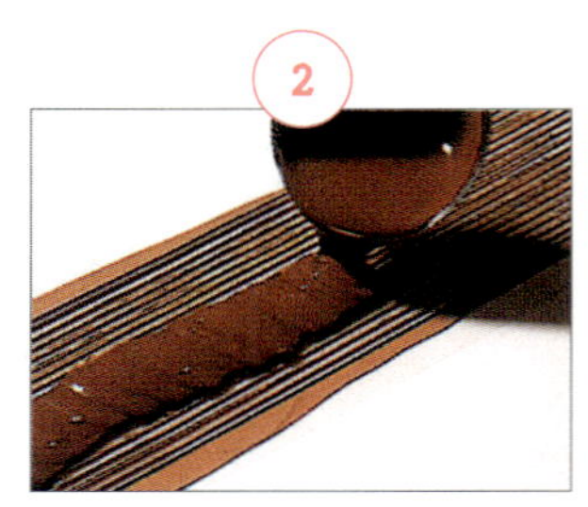

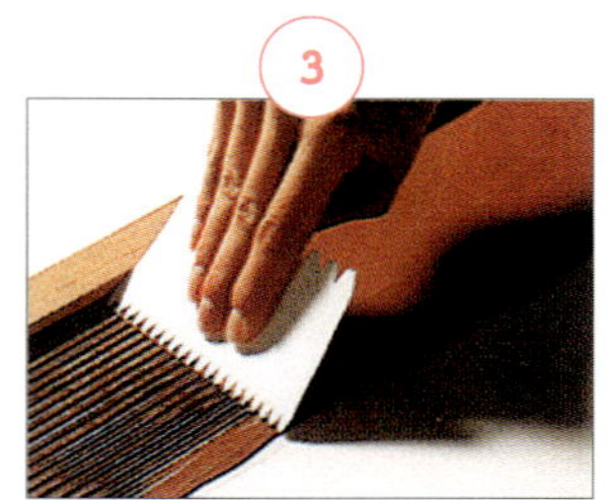

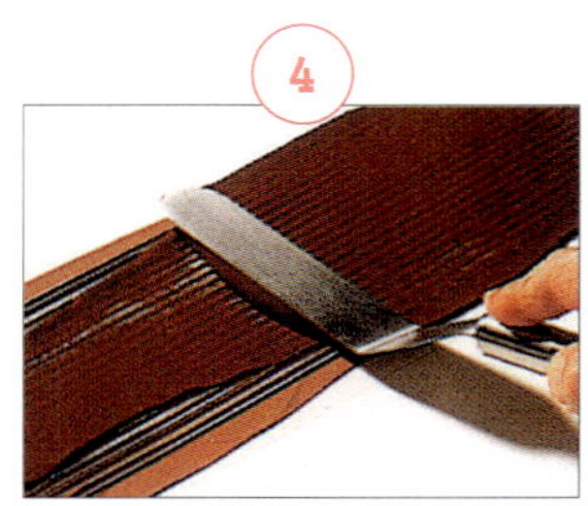

물결무늬를 모양을 낸 초콜릿을 모양 틀로 찍어낸다. 찍어내는 방법은 손이 덜가면서 깔끔한 장식을 얻을 수 있는 좋은 방법이 된다.

마지팬을 이용한 초콜릿 장식

아몬드 페이스트(마지팬)를 평평하게 민다.

세르클을 이용해 찍어낸다.

템퍼링한 커버추어 초콜릿을 마지팬 위에 붓는다.

초콜릿을 일정한 두께로 편다.

화이트 초콜릿으로 모양을 낸다.

투명 필름을 이용한 장식

투명 필름 위에 화이트 초콜릿으로 먼저 모양을 낸 다음 굳힌다. 다크 초콜릿을
그 위에 일정한 두께로 펴 바른다. 약간 굳으면 원하는 폭과 길이로 잘라 양 끝을
붙인 다음 완전히 굳힌다.

 데커레이션 테크닉

유산지로 그려 만드는 초콜릿 장식

기본 모양본 위에 유산지를 대고 정교하게 만
드는 장식. 원하는 모양을 만들기가 쉽기 때문
에 응용 폭이 가장 넓다. 아기자기한 장식을 넣
고 싶을 때 사용하는 방법이다.

밑그림 위에 유산지를 얹은 다음 테두리 부분을 먼저 짠다. 어느 정도 굳으면 안을 채운다.

자연미가 살아있는 초콜릿 나뭇잎

잎맥이 뚜렷하게 살아있는 나뭇잎을 골라 사용한다. 진짜 나뭇
잎의 특징이 그대로 살아 있어 자연미가 흐른다. 초콜릿의 두께
가 두껍거나 일정치 않으면 보기 싫으므로 적절한 두께로 초콜
릿을 바르는 것이 중요하다.

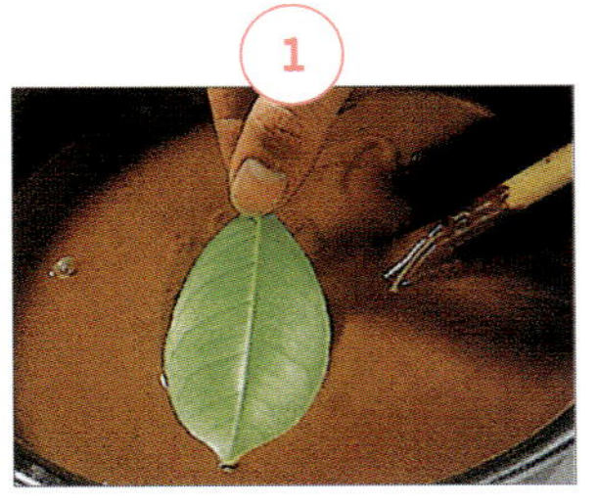
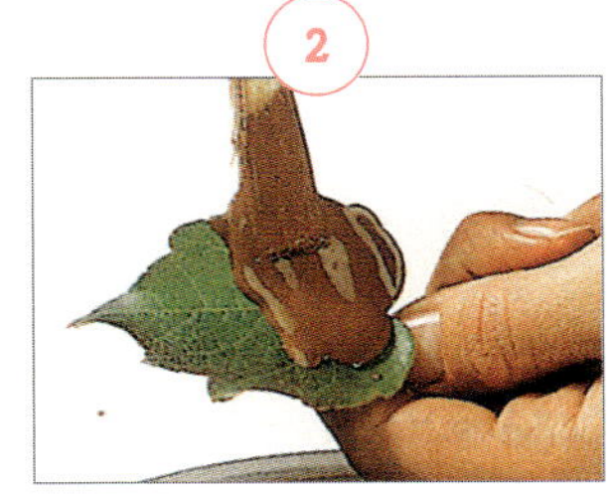

템퍼링한 초콜릿에 나뭇잎을 직접 담
그거나 붓으로 바른다. 나뭇잎의 잎맥
을 잘 살리려면 나뭇잎 뒷면에 초콜
릿을 바르고, 붓으로 칠하는 경우는 초콜
릿이 일정한 두께로 골고루 발라지도
록 주의한다.

은행잎 장식물

기법의 포인트는 실물을 본떠 만든다는 것. 실제 은행잎에 화이트초콜릿을 묻히고 굳힌 후 은행잎을 떼어내면 데커레이션 효과가 극대화되고 어색한 느낌 없이 자연스러운 분위기를 낼 수 있다.

나무 모양 초콜릿 장식물

원하는 그림이 그려진 종이 위에 투명한 opp 필름을 올리고, 초콜릿을 사용해 필름에 비친 모양을 따라서 밑그림을 그린 후 굳히면 손쉽게 완성된다.

1 철망 위에 케이크를 올리고 35~40℃의 이부아르 글라사주를 가운데에 부은 다음 스패튤러로 얇게 펴 매끄럽게 정리한다.

2 짤주머니에 템퍼링한 다크초콜릿을 넣고 ①의 윗면에 사선으로 그어 나뭇가지를 표현한 다음 냉장고에서 5~10분 동안 굳힌다. ※ 직선으로 똑바르게 그려지도록 빠르게 긋는다.

3 볼에 템퍼링한 화이트초콜릿을 넣고 은행잎의 한쪽 면이 완전히 닿을 정도로 담갔다가 털어낸 다음 굳힌다.

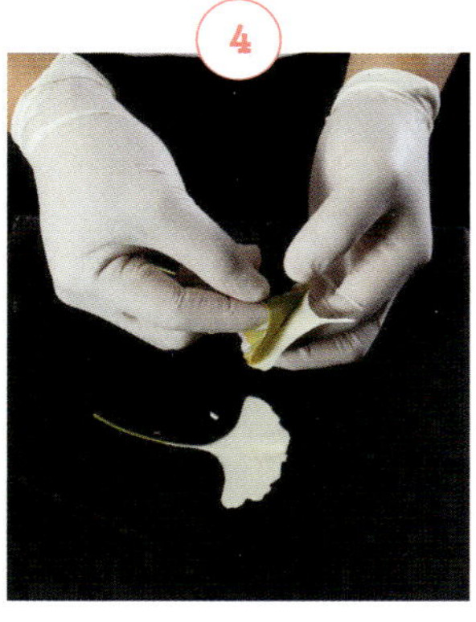

4 ③의 은행잎 끝부분을 잡고 조심스럽게 떼어내며 초콜릿과 분리시킨다.
※ 은행잎을 잡고 떼어내야 초콜릿이 부서지지 않는다.

5 형태가 잡힌 은행잎의 모습.

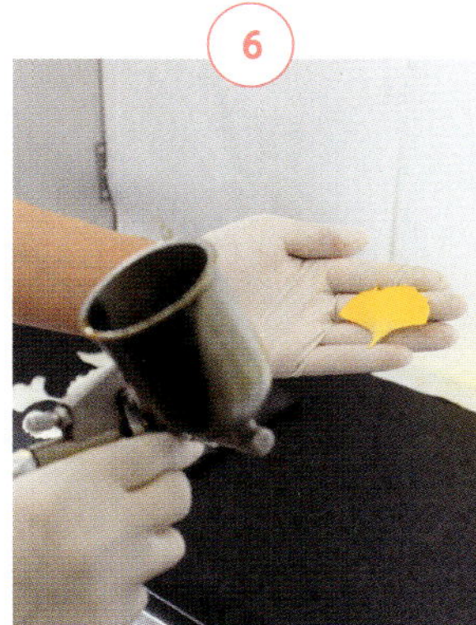

6 ⑤의 겉면에 에어브러시로 노란색 초콜릿 색소를 입혀 은행잎을 완성한다.

7 나무가 그려진 종이 위에 opp 필름을 올리고 필름에 비친 나무 형태를 따라 템퍼링한 다크초콜릿으로 본을 뜬 다음 굳힌다.

8 ⑦을 뒤집은 다음 opp 필름을 조심스럽게 제거하여 나무 모양 초콜릿 장식물을 완성한다.

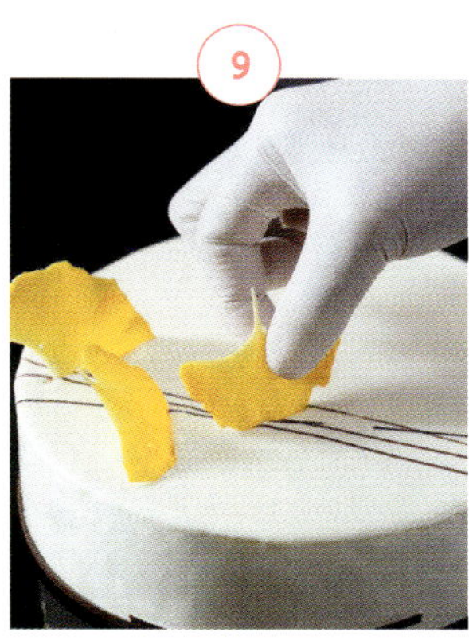

9 ②의 케이크 앞쪽에 ⑧을 붙이고 윗면의 나뭇가지 부분에 ⑥을 올려 장식한다.

초콜릿 공예 *Chocolate Showpiece*

● 실연 : 최세현(마음제빵소)

받침대, 문어 피스 모음

ⓐ 받침대(지름 18㎝ 원반 1개)
ⓑ 문어 몸통(길이 17.5㎝ 반달걀 2개)
ⓒ 문어 다리(길이 13.5㎝ 1개, 길이 17.5㎝ 1개, 길이 21.5㎝ 1개, 길이 25㎝ 1개)

받침대, 문어 피스 제작법

1

길이 17.5㎝ 반달걀 2개를 맞붙여 문어 몸통을 만든 다음 윗부분을 달군 철판에 문질러 평평하게 만든다.

※ 이음매에 템퍼링한 초콜릿을 바르고 굳힌다.

2

받침대의 가운데에 ①을 붙인다.
*이음매에 냉각제를 뿌려 완전히 굳힌다.

3

②의 몸통 오른쪽 앞부분에 길이 17.5㎝ 문어 다리를 붙인 다음 뒷부분에 길이 25㎝ 문어 다리를 붙인다.

4

③의 몸통 왼쪽 앞부분에 길이 13.5㎝ 문어 다리를 붙인 다음 뒷부분에 길이 21.5㎝ 문어 다리를 붙인다.

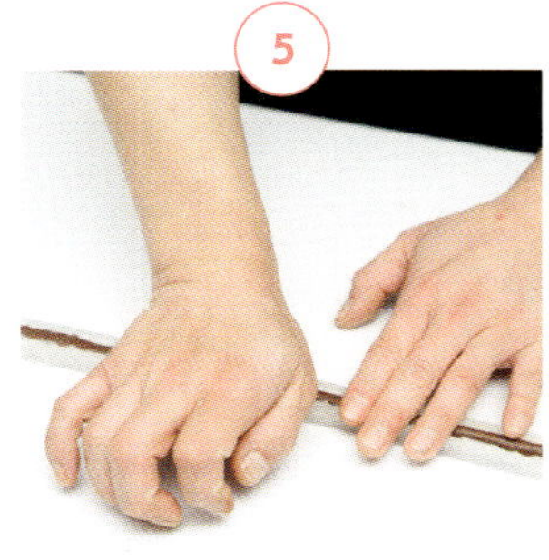

5

플라스틱 초콜릿을 길게 민 다음 밧줄 모양 실리콘 몰드에 넣고 눌러 모양을 낸다.

6

⑤를 몰드에서 뺀 다음 받침대 둘레 길이에 맞게 자른다.

7

받침대의 가장자리에 ⑥을 2줄 둘러 붙인다.

8

⑦에 초콜릿 식용 색소를 분사한다.

※ 초콜릿 식용 색소는 카카오버터와 다크초콜릿을 6:4의 비율로 섞고 녹인 것을 사용한다.

장식물 피스 모음

ⓐ 문어 다리 장식물(길이 10㎝ 1개, 길이 13㎝ 1개, 길이 17㎝ 1개, 길이 21㎝ 1개, 길이 24.5㎝ 1개)
ⓑ 해적 모자(길이 16㎝, 높이 6.5㎝ 1개)
ⓒ 모자 장식물(길이 5㎝ 1개)
ⓓ 눈(길이 3㎝ 1개)
ⓔ 두건(길이 13㎝ 1개)

장식물 제작법

1

비닐에 템퍼링한 밀크초콜릿을 붓고 윗면을 평평하게 정리한다.

2

①이 살짝 굳으면 문어 다리 모양 우드락을 대고 바늘로 그린다.

※ 문어 다리 피스보다 0.5㎝ 작게 만든다.

※ 바늘로 문어 다리와 가장자리가 이어지도록 선을 여러 개 그으면 초콜릿이 굳은 후 깔끔하게 떼어낼 수 있다.

3

②가 완전히 굳으면 비닐에서 떼 문어 다리 장식물을 만든다.

4

화이트초콜릿에 검은색 식용 색소를 섞어 템퍼링한 다음 비닐에 붓고 윗면을 평평하게 정리한다.

5

④가 살짝 굳으면 해적 모자 모양 우드락을 대고 바늘로 그린다.

6

⑤가 완전히 굳으면 비닐에서 떼 해적 모자를 만든다.

7

화이트초콜릿에 흰색 식용 색소를 섞어 템퍼링한 다음 비닐에 붓고 윗면을 평평하게 정리한다.

8

⑦이 살짝 굳으면 X자 모양 우드락을 대고 바늘로 그린다.

⑧이 완전히 굳으면 비닐에서 떼 모자 장식물을 만든다.

화이트초콜릿에 빨간색 식용 색소를 섞어 템퍼링한 다음 비닐에 붓고 윗면을 평평하게 정리한다.

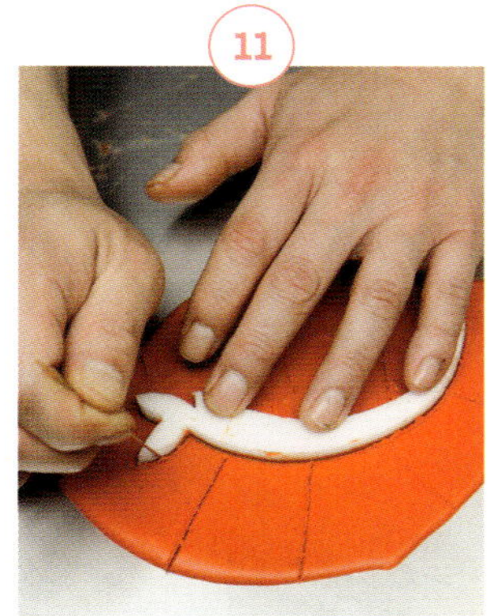

⑩이 살짝 굳으면 두건 모양 우드락을 대고 바늘로 그린다.

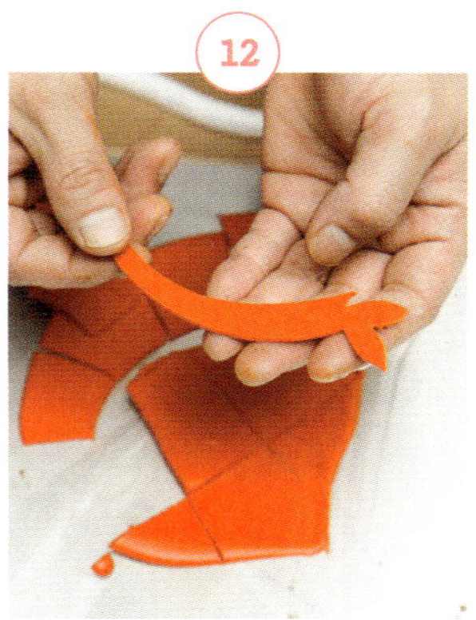

⑪이 완전히 굳으면 비닐에서 떼 두건을 만든다.

길이 13.5㎝ 문어 다리에 길이 13㎝ 문어 다리 장식물을 붙인다.

길이 17.5㎝ 문어 다리에 길이 17㎝ 문어 다리 장식물을 붙인 다음 나머지 문어 다리에 남은 문어 다리 장식물을 차례대로 붙인다.

⑥의 밑부분에 ⑫를 붙인다.

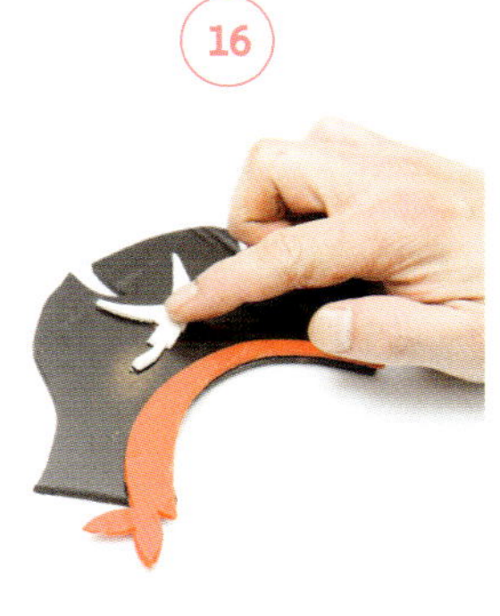

⑮의 가운데에 ⑨를 붙인다.

문어 몸통 윗부분에 ⑯을 붙인다.

⑰에 눈을 붙인다.

에어브러시 *Air Brush*

에어브러시(Air brush)란 압축된 공기를 색소가 담긴 피스톨을 통해 분사해 입체적인 공간감을 표현하는 기법이다. 에어브러시의 도입은 점차 디자인과 창의적인 장식 기법이 중요시되고 있는 제과제빵 분야에 괄목할 만한 발전을 가져온 진일보적인 계기가 되었다. 색 표현이 붓의 경우보다 훨씬 자연스럽다.

● 실연 : 이원용(프로방스 과자점)

에어브러시의 쓰임새

에어브러시는 평면적인 케이크나 과자 표면에도 입체적인 표현을 할 수 있으므로 버터 크림·무스 케이크나 양과자에 색다른 장식을 가할 수 있다. 또 입체적인 모양을 한 화과자나 양과자, 초콜릿, 설탕공예 등에도 포인트가 되는 명암이나 색채 조절을 손쉽게 할 수 있다. 현재 가장 보편적으로 적용되고 있는 분야가 버터 케이크의 표면 장식이다. 검 페이스트로 만든 판에 갖가지 모양을 분사해 올리거나 케이크 표면에 직접 분사하는 방법으로 제작되는 버터 케이크는 다른 곳에는 없는 독특한 데커레이션으로 고객들의 호응이 크다. 업소에서 보유하고 있는 마스크 필름 외에도 고객이 원하는 그림이나 사진 등으로도 제작이 가능해 세상에 단 하나밖에 없는 특별한 케이크를 만들 수도 있다. 그밖에도 업소의 행사를 알리는 POP나 홍보물 등을 제작할 수도 있어 여러가지로 쓰임새가 많다.

에어브러시 기초

에어브러시는 특히 기초가 중요하다. 도구의 준비부터 다루는 방법, 기본 작업 준비 등이 완벽히 이루어져야만 작업에 들어갈 수 있다. 회화적인 기법이 주를 이루기 때문에 처음부터 좋은 작품을 기대하기는 어렵다. 자신이 생각했던 이미지에 부합하는 완벽한 작품을 만들기 위해서는 기초부터 꾸준히 반복연습을 실시하고 적절한 테크닉을 익혀야 한다.

1. 도구 준비

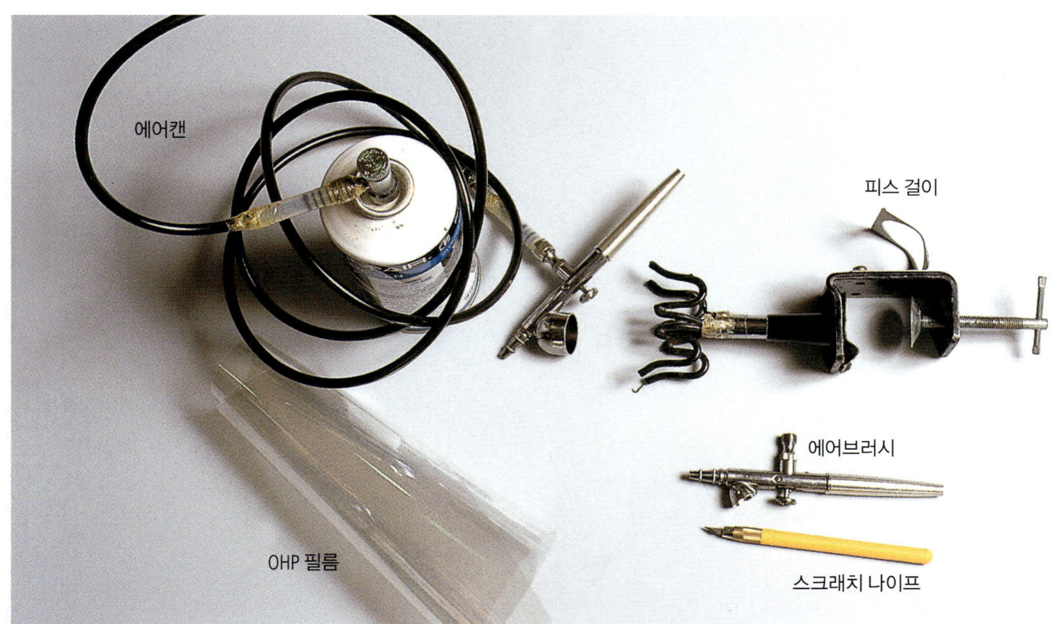

1) 에어캔에 연결된 호스와 에어브러시 에어봄베이는 부피가 큰 컴프레서를 운반할 수 없거나 간단한 작업을 할 때 사용한다. 1회용이라고는 하지만 꽤 많은 양을 분사할 수 있다.

2) OHP 필름 Over Head Projector(슬라이드 영사기)에 쓰이는 필름으로 마스크의 밑그림을 만들 때 쓰이며 유일하게 그림이나 글씨가 복사된다. 일반 복사기로 종이에 복사하는 것과 똑같이 작업하면 된다. 이 필름을 사용하면 마스크가 잘 찢어지지 않아 반영구적으로 사용할 수 있다. 같은 투명필름이라도 OPP필름에는 복사가 되지 않는다.

3) 스크래치 나이프 연필 모양의 손잡이에 30~35도 각도의 예리한 칼날이 달려 있어 투각 작업시 곡선이나 직선의 세밀한 부분까지 잘라낼 수 있다. 사진이나 그림을 복사한 마스크를 투각할 때 더욱 유용하다.

4) 에어브러시 같은 에어브러시라도 노즐(분사 구멍)의 지름이나 물감 저장 탱크의 용량에 따라 구분된다. 보통 노즐의 지름이 0.2㎜인 것은 작은 면이나 가는 선 등 정밀한 작업에 쓰이고 0.3㎜인 것은 넓은 면이나 작업량이 많을 때, 혹은 분사되는 색소의 점도가 진할 때 사용한다. 탱크의 용량은 작업량에 맞춰 선택한다. 참고로 보통 크기의 탱크는 한 번 채우면 20번 정도 분사할 수 있다.

5) 피스 걸이 작업 도중 에어브러시를 잠깐 내려 놓아야 할 경우 색소가 쏟아지거나 작품을 더럽히지 않기 위해 여기에 걸어둔다. 책 상 한 모서리에 부착할 수 있도록 나사가 달려 있다.

2. 에어브러시 사용법

에어브러시는 글자 그대로 공기(Air)로 된 붓(brush)을 이용하는 기법이므로 붓놀림을 익히는 것처럼 숙달시킬 필요가 있다.

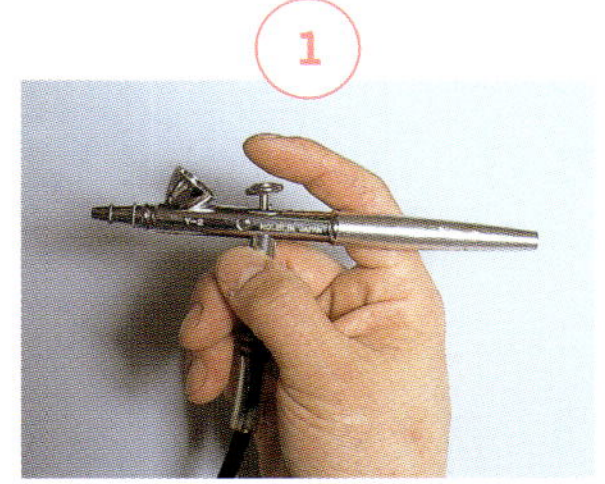

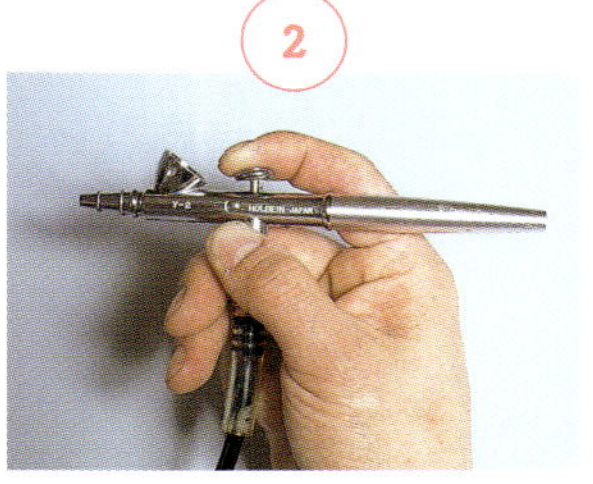

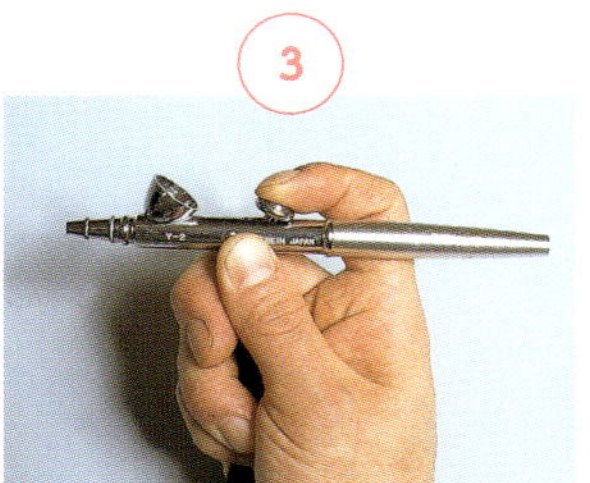

색소 분사 - 수직으로 누른 상태에서 버튼을 뒷쪽으로 끌어 당기면 그때부터 색소가 분사되기 시작한다. 분사되는 색소의 농도는 버튼의 당김 정도와 누르는 깊이, 분무 대상과의 거리 조절로 조정한다. 버튼을 놓으면 곧바로 분사가 멈춰진다.

준비 - 연필이나 붓을 쥐듯이 잡는다. 손에 지나치게 힘이 들어가면 동작이 자유롭지 못해 자연스러운 표현이 불가능하다.

에어 분사 - 누름 버튼을 수직으로 누르면 공기가 빠져 나간다. 몇 번 눌러 보아서 공기 분사 정도를 시험한다.

3. 밑그림 준비 및 마스크 투각 작업

투명한 필름에 원하는 그림의 본을 뜨는 작업을 말한다. 마스크란 사물의 입체감을 표현하기 위해 여러 장의 필름에 명암을 달리하여 투각한 형지를 말하는 것으로 스텐실 등에도 응용된다. 마스크는 원하는 그림을 OHP필름에 복사해 준비하거나 OPP필름을 밑그림 위에 대고 바로 투각할 수도 있다.

마스크 작업에 있어 가장 중요한 것은 사물의 명암을 표현하는 것이다. 여러 장으로 나누어 마스크 작업을 할 때는 먼저 밑그림의 명암 정도에 따라 3~4단계로 구분한 후 복사된 OHP필름 각각의 장에 잘라낼 부분을 표시한다. 대체적으로 마스크의 수가 많을수록 명암 표현이 쉬워진다.

4. 기초 표현 작업

본격적인 작업에 들어가기 전 가장 기본적인 2면체 표현을 실습해 보자.

• **준비** : 삼각뿔 모양의 밑그림으로, 좌우 한 장씩 2장의 마스크를 준비한다.

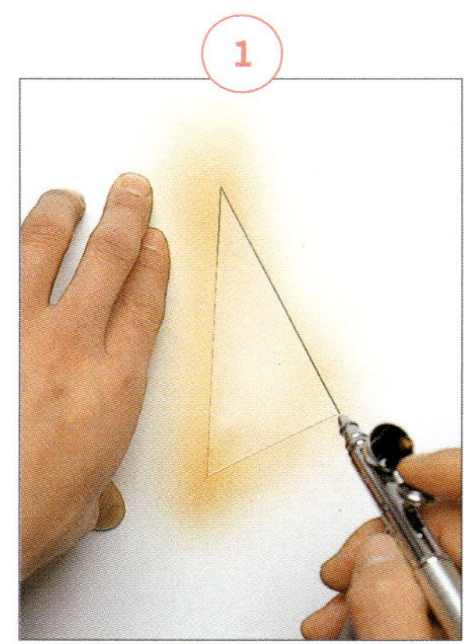

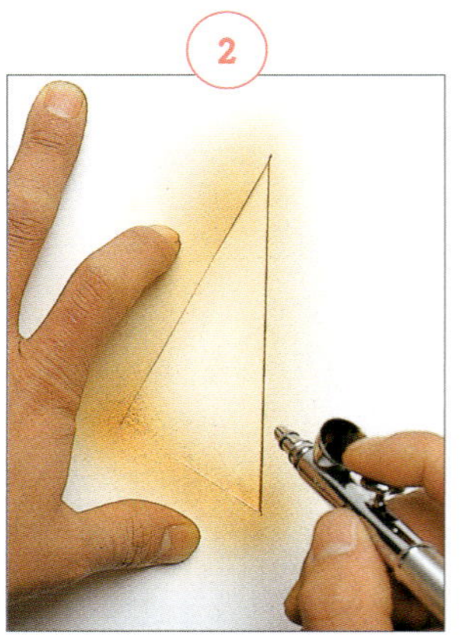

빛의 방향에 따른 물체의 명암을 생각하면서 에어브러시로 분사한다. 처음부터 너무 진하게 분사하지 말고 상태를 보아 가며 여러 번에 걸쳐 작업한다.

나머지 마스크를 얹어 다시 분사한다. 마스크의 모양을 서로 잘 맞춰야 전체적인 모양이 완성된다.

2면체 표현 완성.

※ 그 외에도 3장의 마스크를 사용한 3면체, 2장이나 3장의 필름을 이용한 공간감 표현을 통해 충분한 연습을 실시한다.

5. 제품 입문

기초편에서는 우선 1~2장의 마스크나 그밖의 도구를 이용해 손쉽게 작업하는 방법과 이를 이용한 응용 제품을 알아 본다. 본래는 버터 케이크의 표면이나 검 페이스트 위에 직접 분사하지만 여기서는 편의성을 위해 흰 종이에 작업했다. 이밖에도 틀의 모양이나 글자판의 문구를 달리하면 얼마든지 다양한 표현이 가능하다.

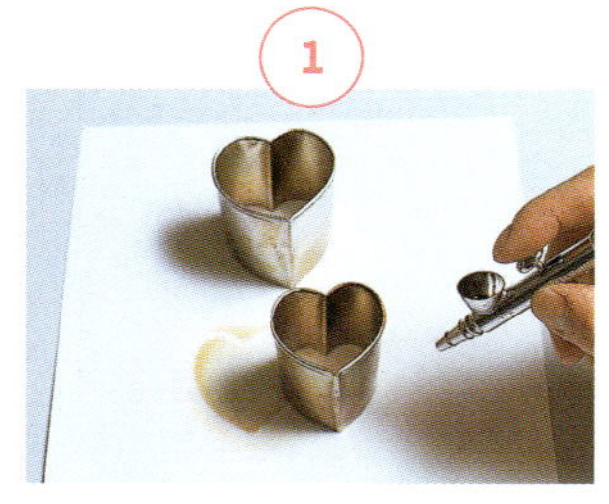

하트형 모양 틀을 종이 위에 대고 틀 안쪽에 명암을 생각하면서 고르게 분사한다.

1의 틀보다 조금 작은 틀을 반쯤 엇갈리게 대고 바깥쪽에 분사한다.

모양대로 잘라놓은 글자판을 올려 분사한다.

미리 만들어진 하트모양 주변에 둥근 세르클 틀을 대고 입체감있게 분사해 완성한다.

6. 제품 응용

기초편에 익숙해졌다면 이를 활용한 응용제품을 만들어 보자.

가장 기본이 되는 스타일. 시트의 가장자리를 둥글게 잘라내고 버터크림으로 아이싱한 후 하트 모양 틀을 올려 에어브러시로 분사했다. 장식용 버터꽃에도 연한 분홍빛을 분사해 화사한 분위기를 살렸다.

웨딩케이크같은 느낌을 주는 하트형 케이크. 보라색 꽃과 글자판을 이용한 장식으로 은은한 느낌이 든다.

해와 산으로 구분해 투각한 2장의 마스크 필름과 세르클, 버터크림 장식으로 꾸몄다.

여름철 매장 인테리어를 위한 POP. 우드락에 2장으로 투각한 돌고래 마스크를 얹어 분사하고 시원한 물방울을 표현했다. 물방울을 분사할 때는 우선 원하는 위치에 물 그림자를 둥글게 뿌리고 그 위에 둥근 틀을 얹어 안쪽으로 명암을 살린다. 아래의 문구는 직접 쓰거나 마스크를 만들어 뿌리면 된다.

한 폭의 아름다운 서양화를 보는 것 같다. 여성의 아름다움을 효과적으로 살리기 위해 물감의 색상과 선·면의 명암 처리에 특별히 신경을 써서 작업했다. 장미와 아랫부분의 열매를 표현한 실감나는 분사 테크닉에서 순수회화 못지 않은 아름다움을 발견할 수 있을 것이다.

데커레이션 테크닉

·
·
·

Cake
Decoration
Technique

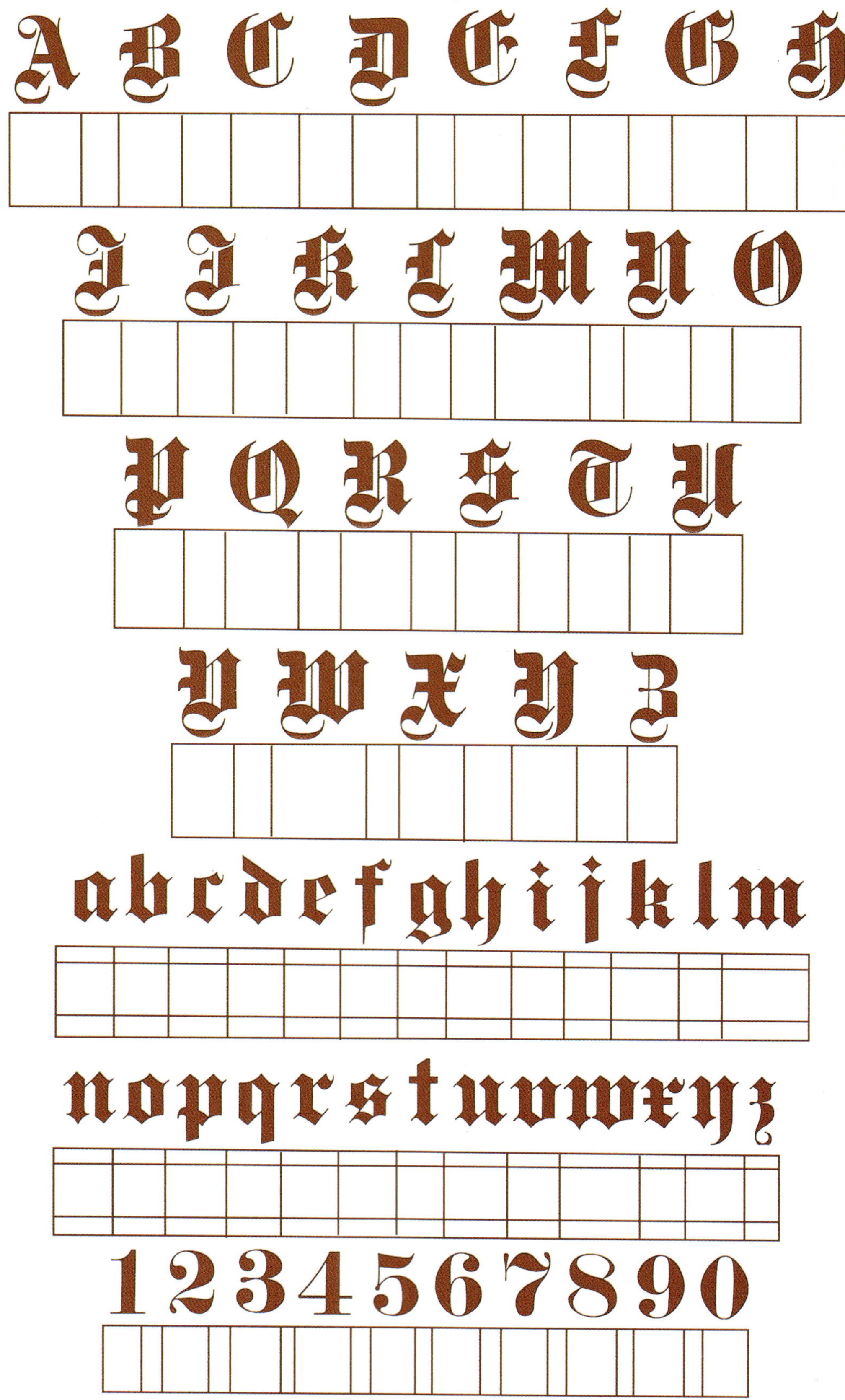

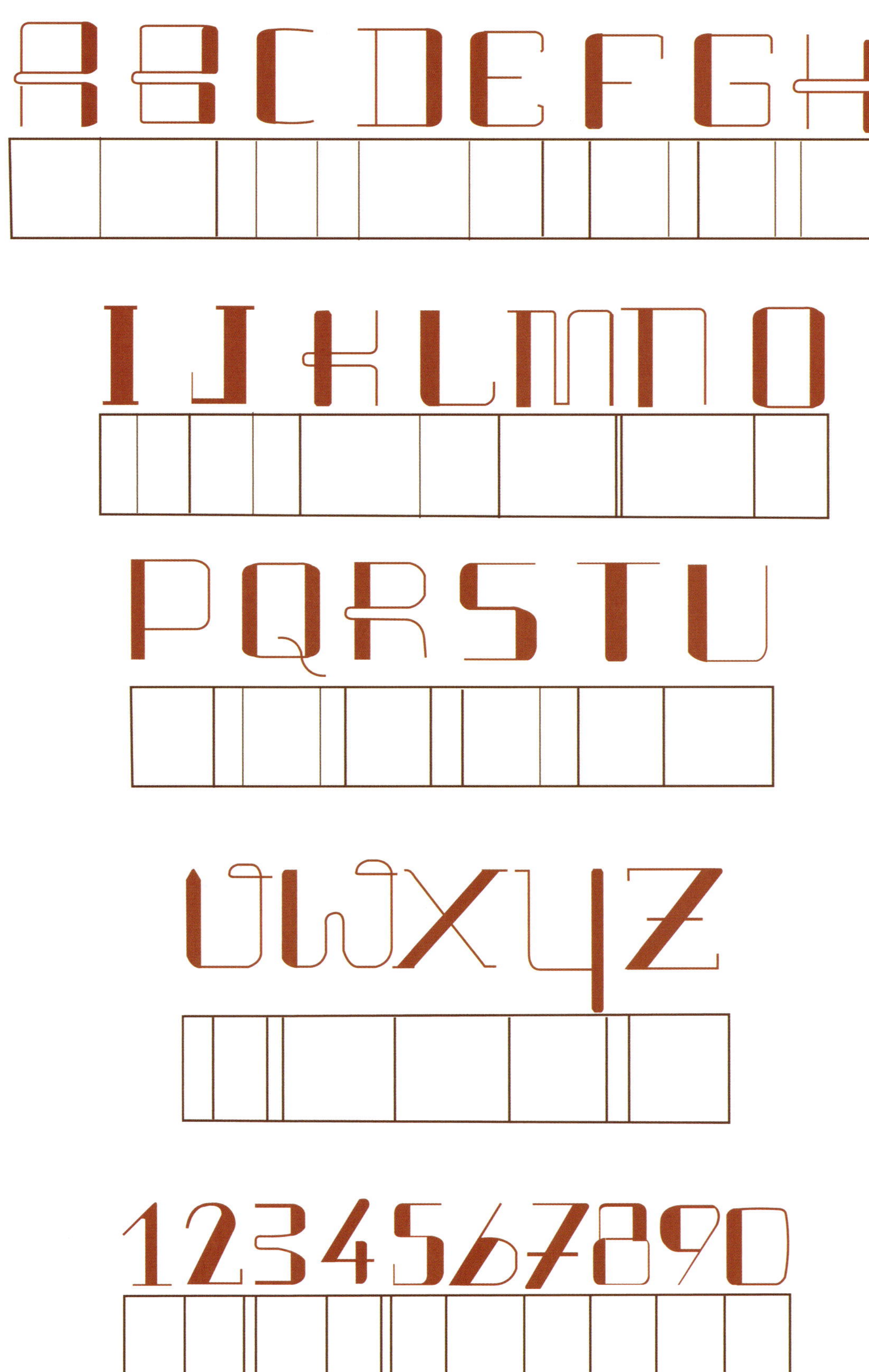

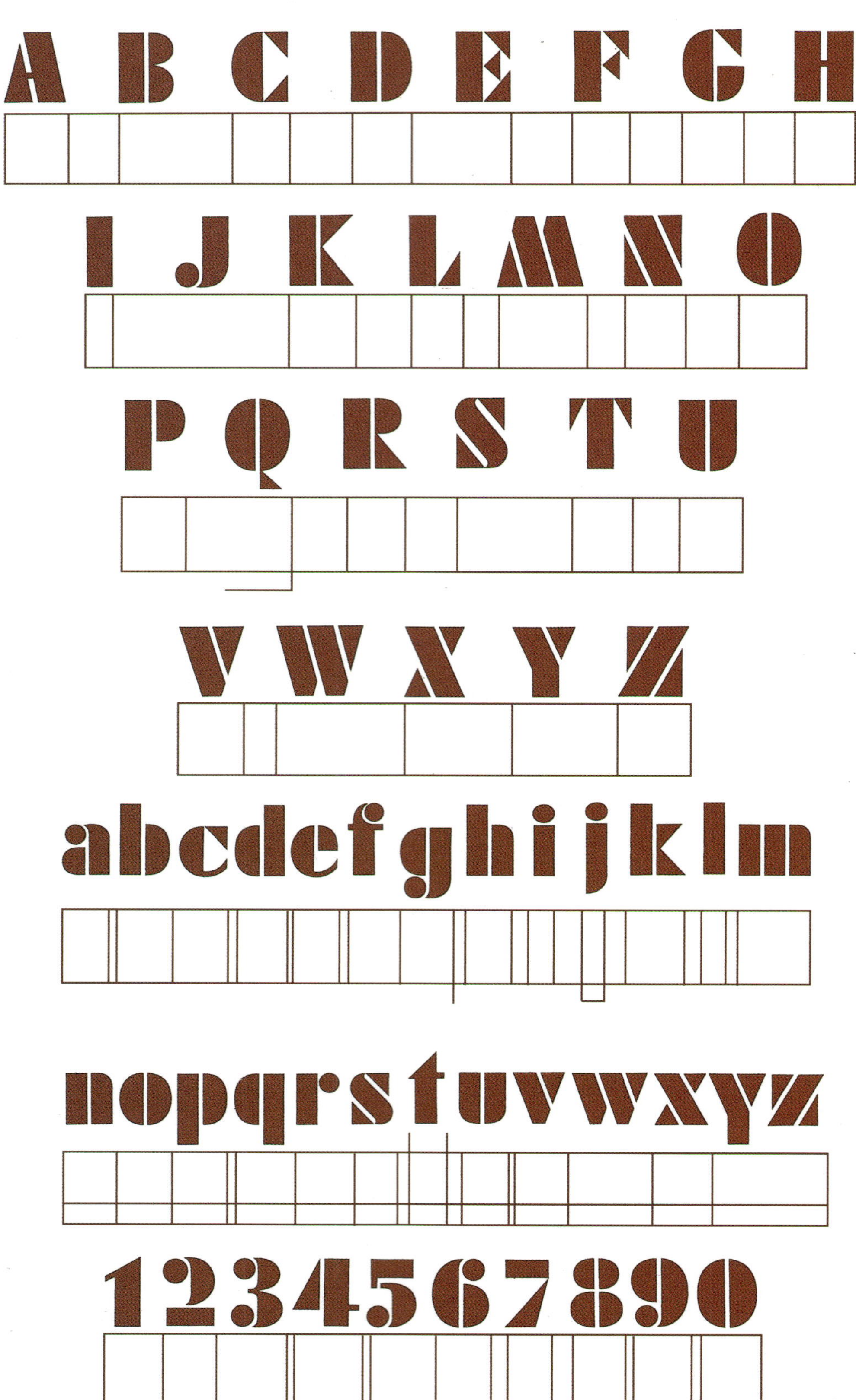

A B C D E F G H
I J K L M N O
P Q R S T U
V W X Y Z
a b c d e f g h i j k l m
n o p q r s t u v w x y z
1 2 3 4 5 6 7 8 9 0

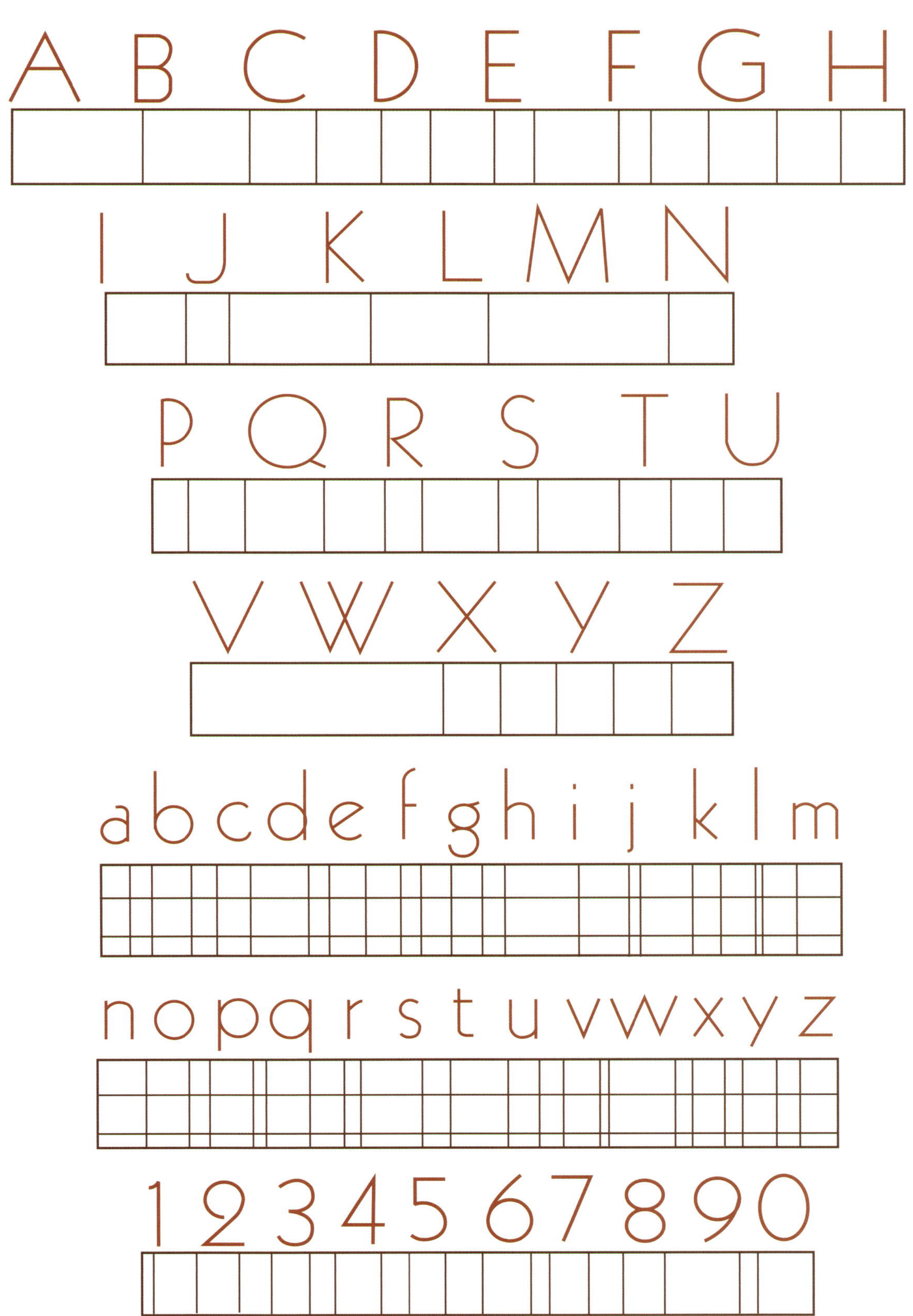

A B C D E F G H
I J K L M N
P Q R S T U
V W X Y Z
a b c d e f g h i j k l m
n o p q r s t u v w x y z
1 2 3 4 5 6 7 8 9 0

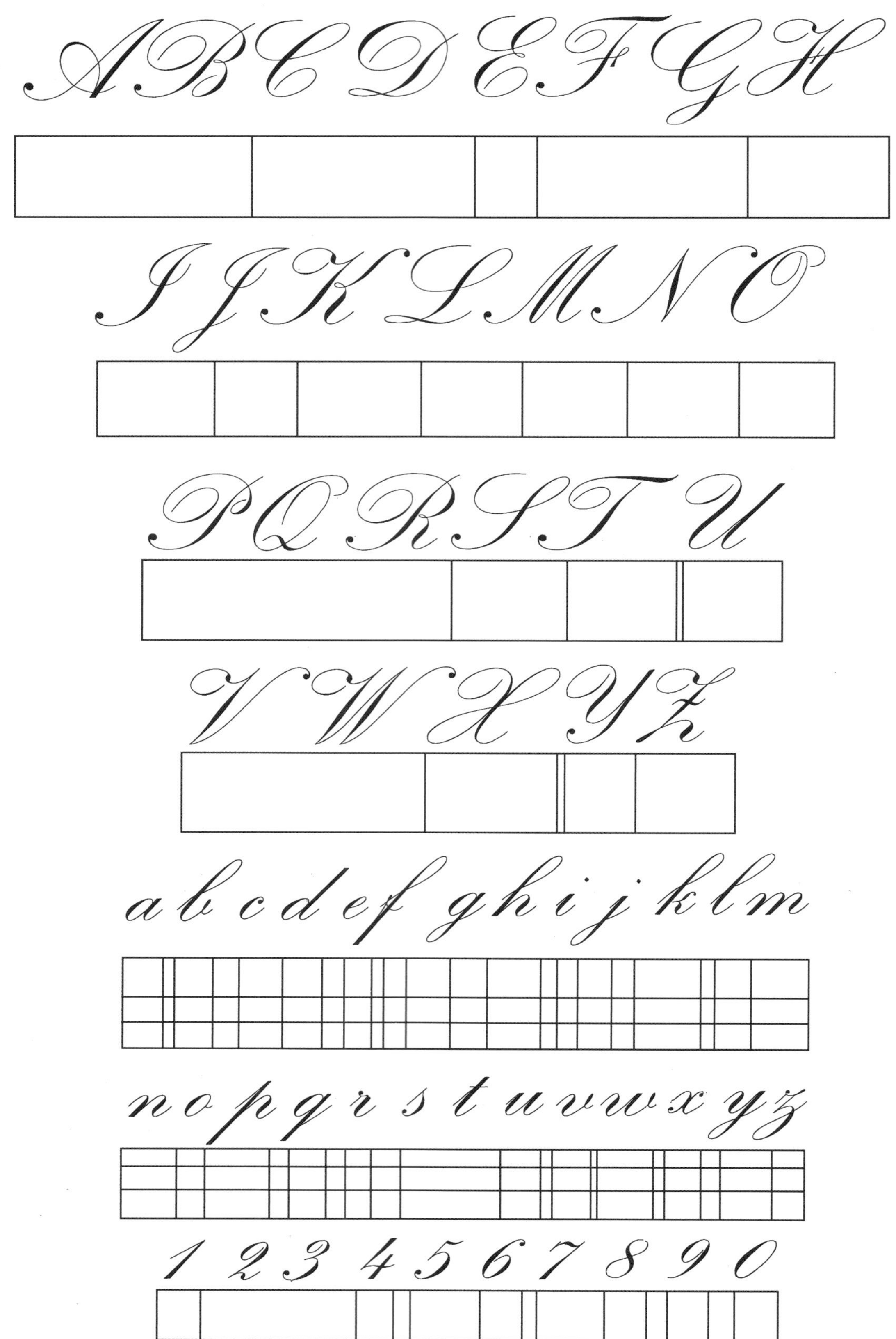

 데커레이션 테크닉

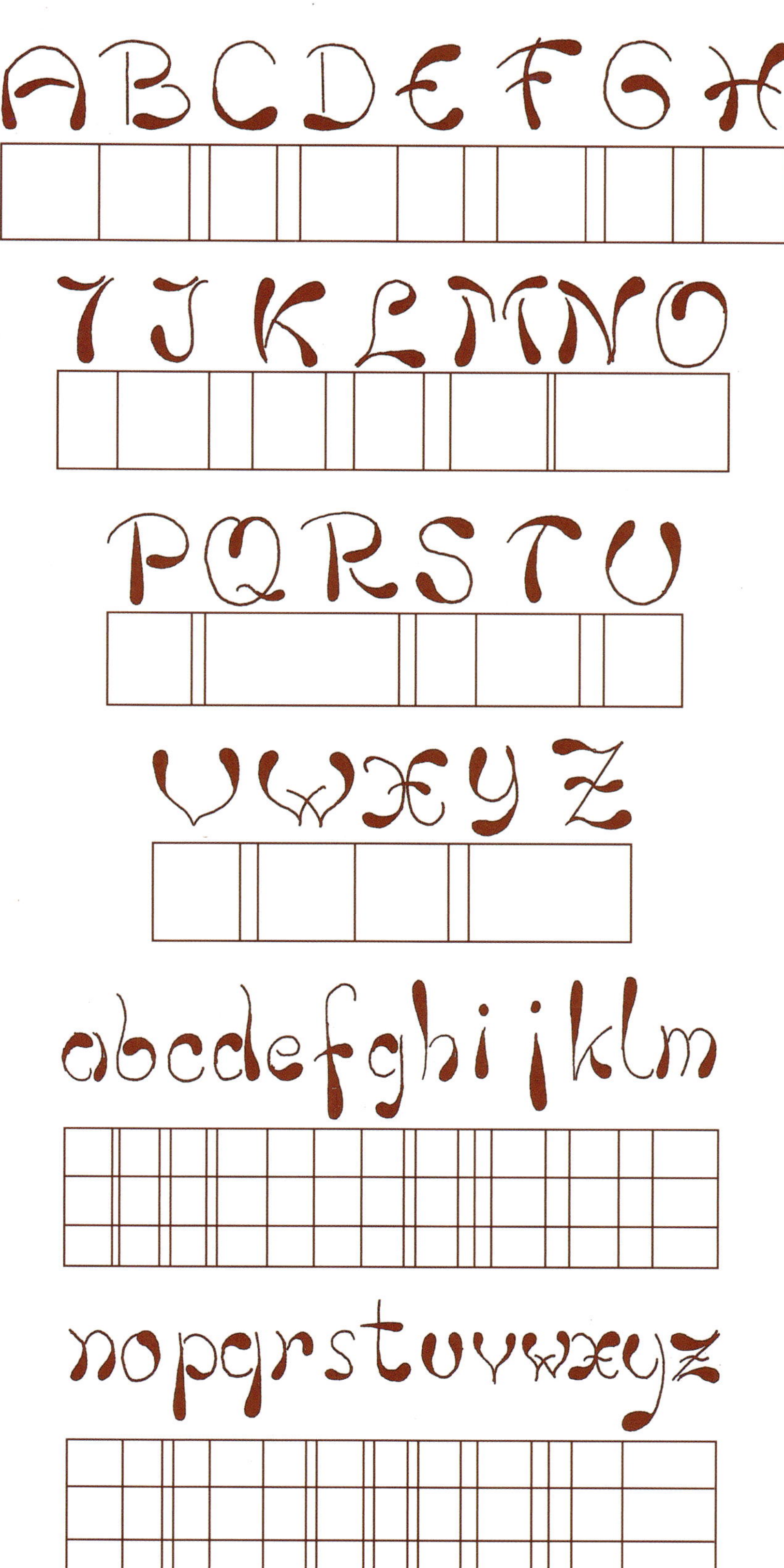

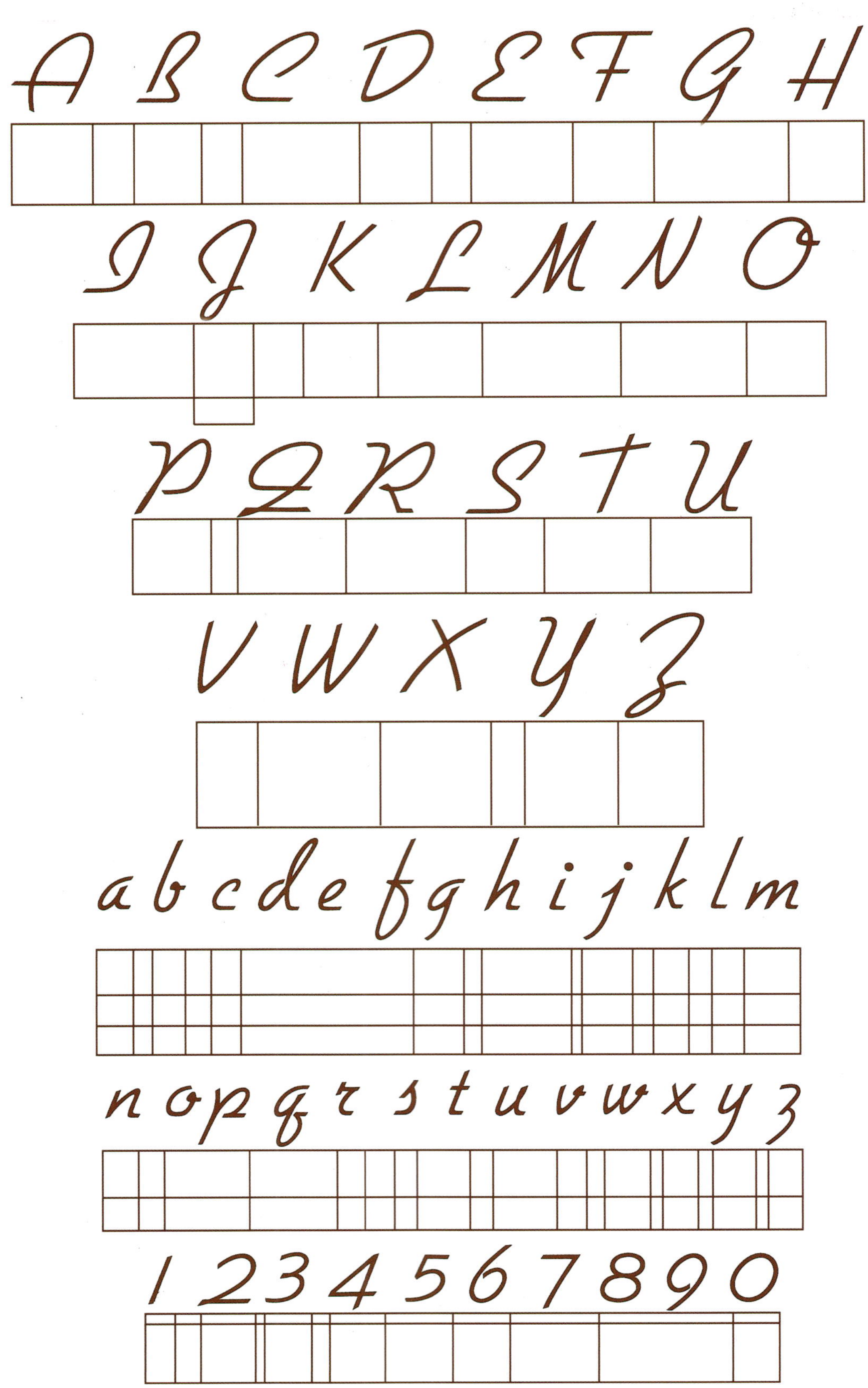

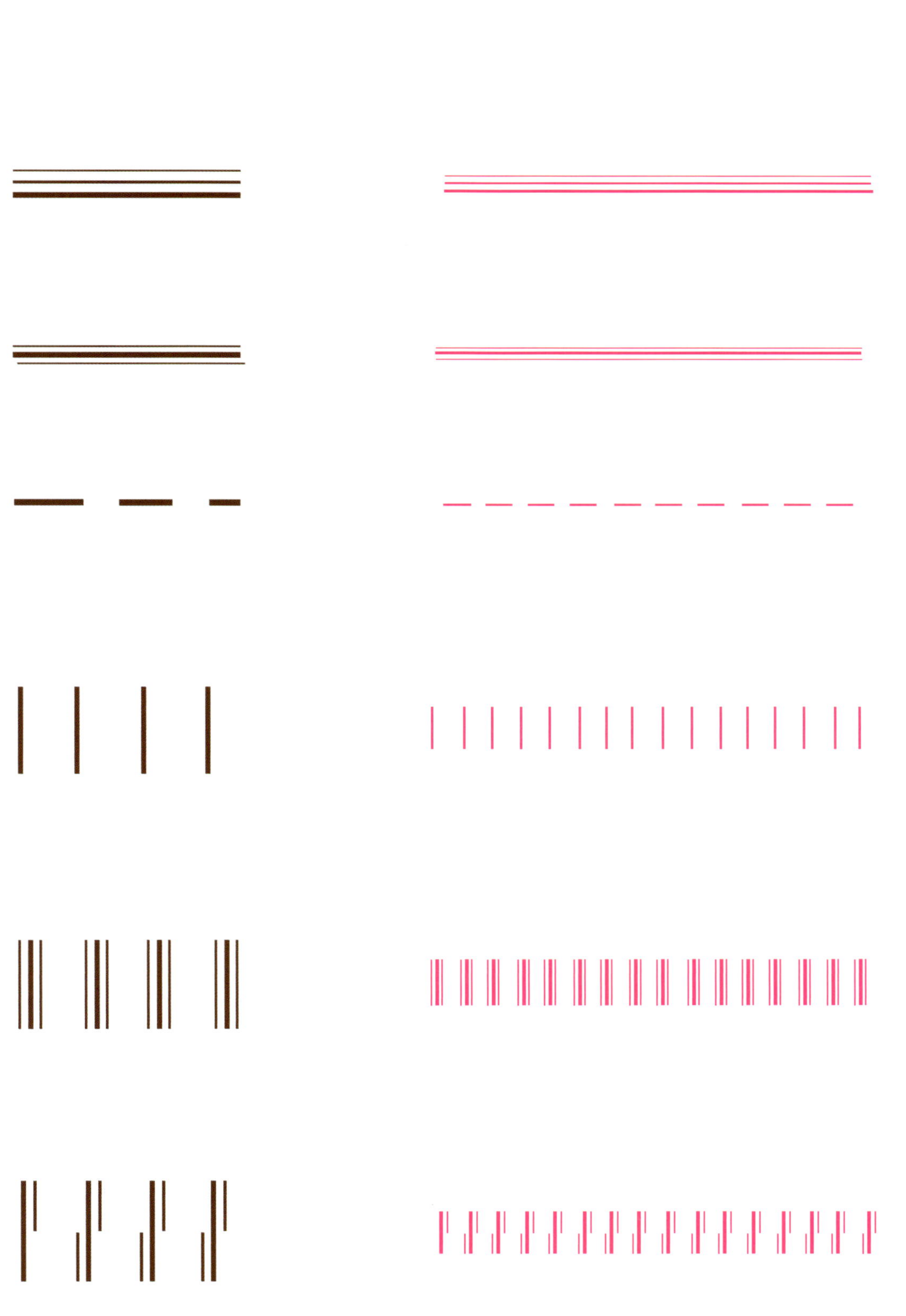

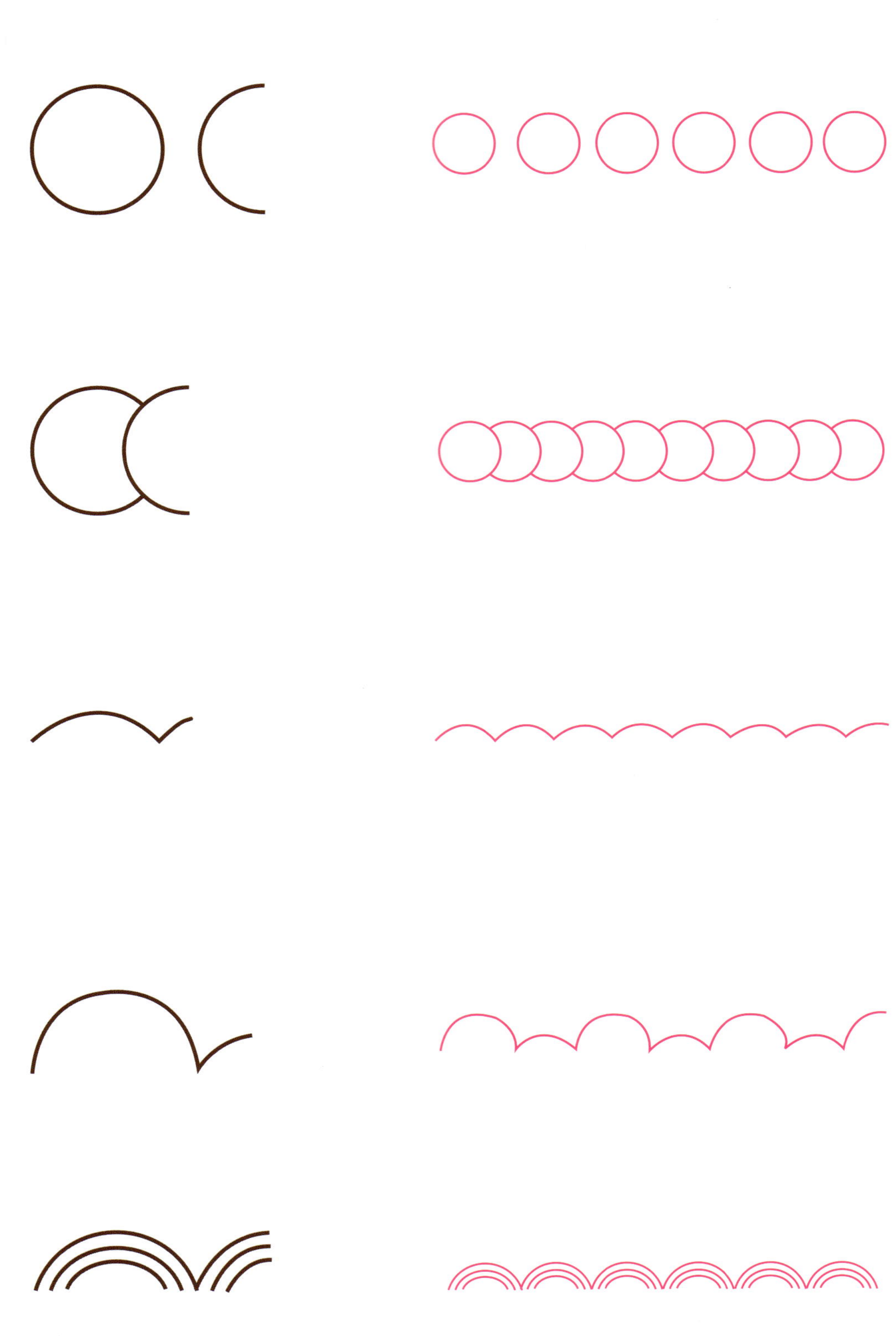

 데커레이션 테크닉

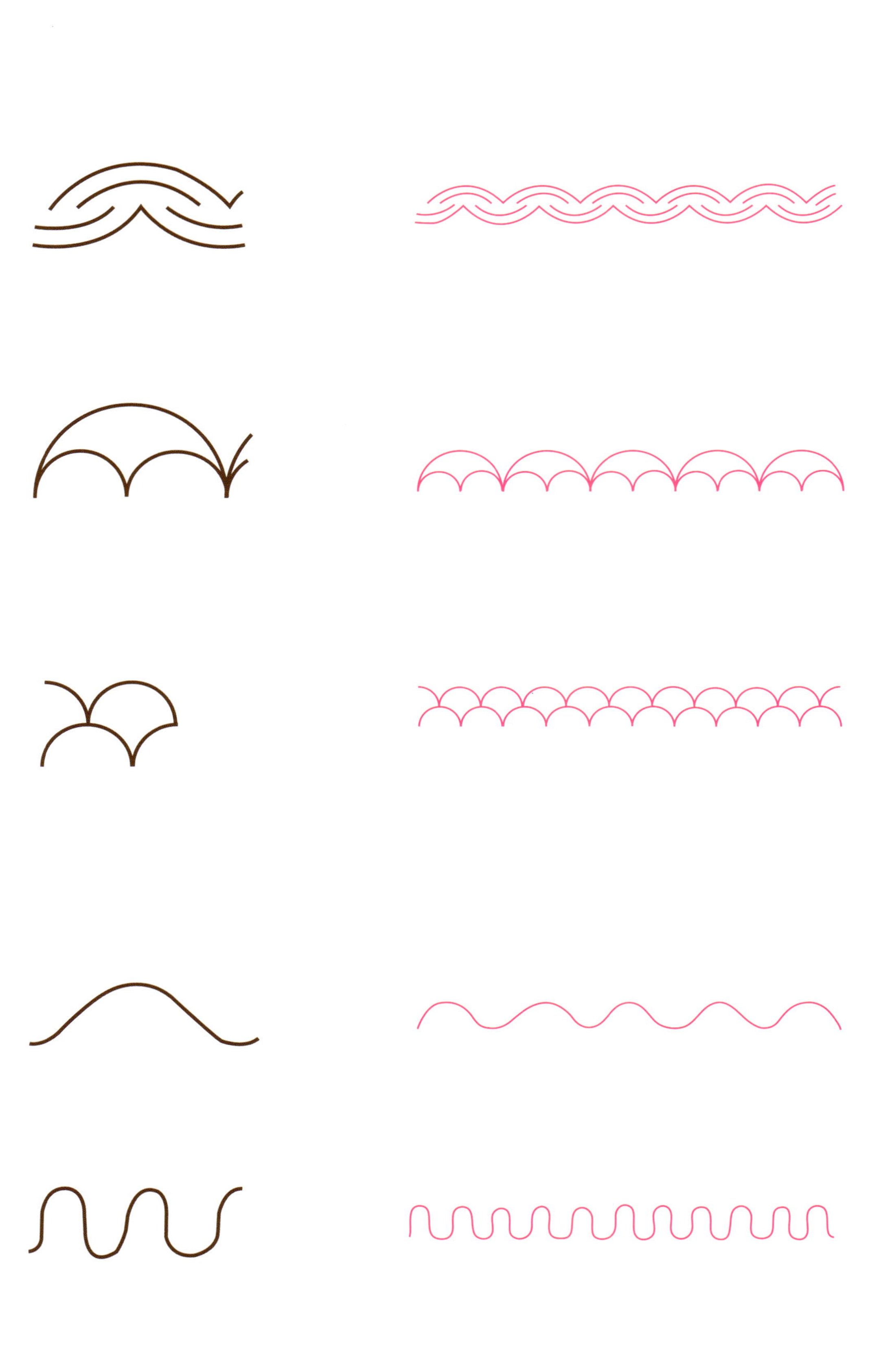

 데커레이션 테크닉

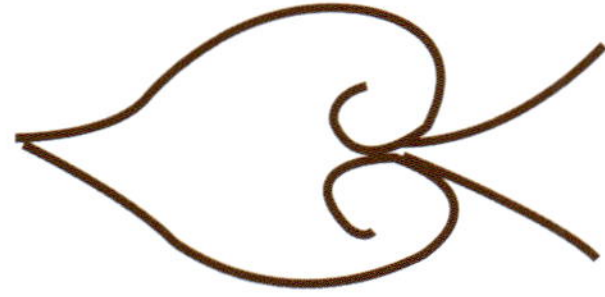

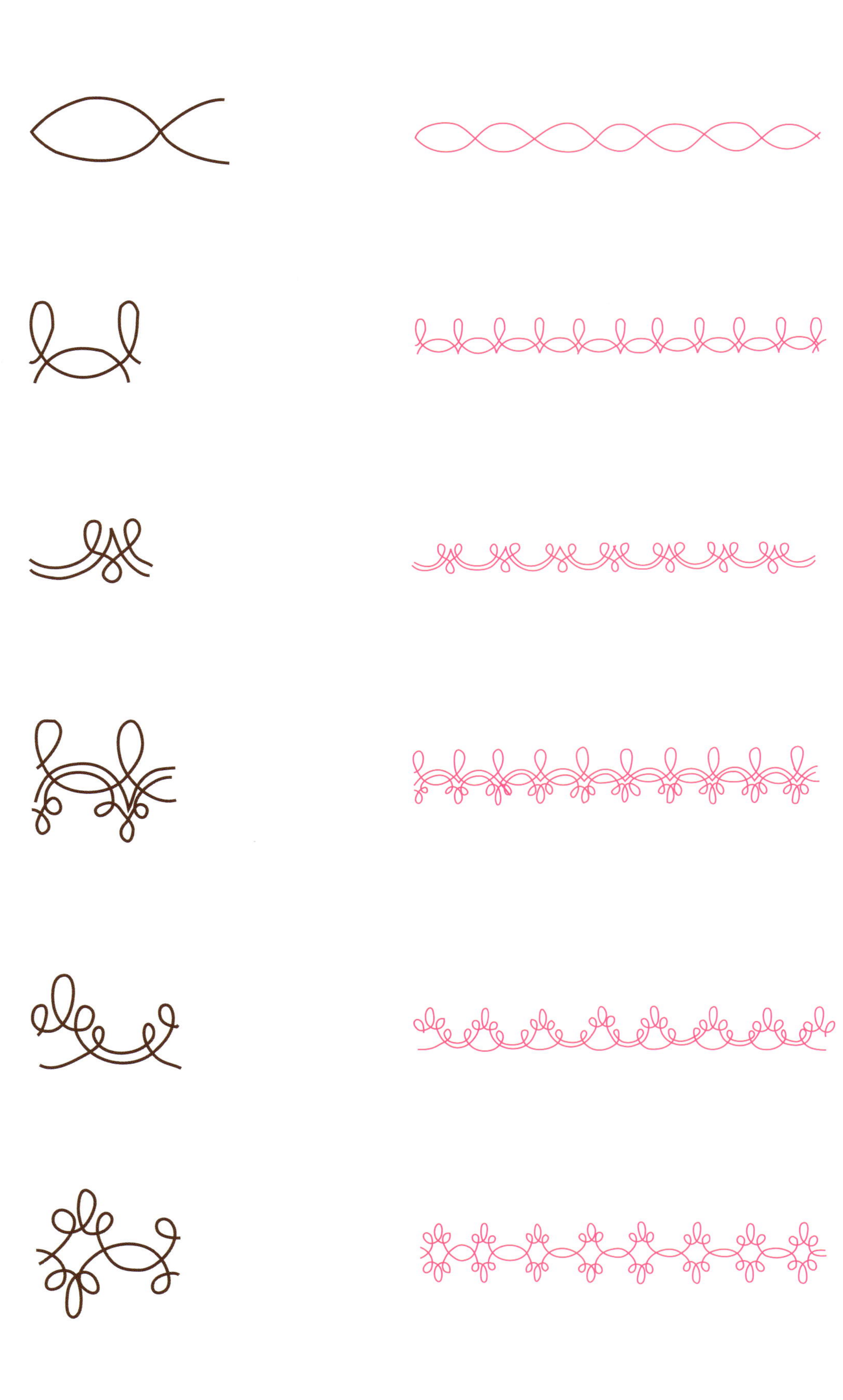

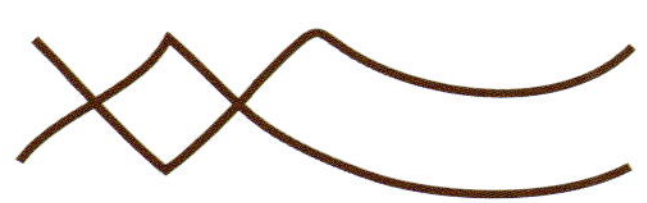

 데커레이션 테크닉

축 어버이날

선을 그어 둘레를 장식하고 이중색 생크림으로 카네이션 꽃과 줄기를 그린다. 별 모양깍지로 연속된 물결 무늬를 짜서 케이크 아랫부분을 장식하고 사인 버터로 '축 어버이날'이라고 쓴다.

축 어린이날

사인 버터를 이용하여 케이크 둘레에 선긋기를 하고 색소를 입힌 마지팬을 이용하여 강아지와 토끼를 예쁘게 만들어 올린다.
별 모양깍지로 아랫부분을 장식하고 사인 버터로 '축 어린이날'이라고 쓴다.

과자를 완성하는

데커레이션 테크닉
CAKE DECORATION TECHNIQUE

편　　저 ｜ 월간 파티시에
발행인 ｜ 장상원
편집인 ｜ 이명원

전면수정판 1쇄 ｜ 2022년 1월 5일

발행처 ｜ (주)비앤씨월드 출판등록 1994.1.21 제 16-818호
　　　　 주소 서울특별시 강남구 선릉로 132길 3-6 서원빌딩 3층
　　　　 전화 (02)547-5233 팩스 (02)549-5235

I S B N ｜ 9 7 9 - 1 1 - 8 6 5 1 9 - 1 4 - 1   1 3 5 9 0

© BncWorld, 2002 Printed in Korea
이 책은 신 저작권법에 의해 한국에서 보호받는 저작물이므로
저자와 (주)비앤씨월드의 동의 없이 무단전재와
무단복제를 할 수 없습니다.
www.bncworld.co.kr

이 도서의 국립중앙도서관 출판예정도서목록(CIP)은
서지정보유통지원시스템 홈페이지(http://seoji.nl.go.kr)와
국가자료공동목록시스템(http://www.nl.go.kr/kolisnet)에서
이용하실 수 있습니다. (CIP제어번호 : CIP2017015549)